極致效率

重塑職場創新與效率的新思維

從根本改變工作方式，
激發創造力的無限可能，
實現效率與成就的最大化！

蔡賢隆，王明哲 編著

深度解析「創新精神」如何塑造企業競爭力，
變革思維 × 高效策略，開啟職涯新局面！

結合實戰案例與理論分析，有效整合創新與時間管理技巧，
激發革命性思維、打破行動框架，塑造未來職場的領導者！

目錄

前言 ……………………………005

第一章
高效創新能力的培育之道 ………009

第二章
工作效率的高效培養策略 ………049

第三章
知識素養的高效培養 ……………095

第四章
專業技能的高效培養 ……………153

第五章
高效競爭觀念的培養 ……………175

第六章
勤奮精神的高效培養 ……………207

第七章
高效時間觀念的培養 ……………231

第八章
業績管理的高效培養 ……………255

附錄 ……………………………291

前言

員工素養教育是指對企業員工從事職業所必需的知識、技能和職業道德等方面進行教育培訓，因此也稱為職業技術教育或實業教育。其目的是培養現代企業所必需的學習型、知識型和技能型的員工，因此非常重視實踐技能和實際工作能力的培養。

在現代經濟條件下，員工的素養對企業效益和發展的影響日益重要，企業需要在保持生機與活力的創新中不斷發展。但是，要充分發揮企業的創新能力，還需要大量具有知識素養與先進技術的員工，因此，大力推行職業教育，是企業提高員工知識素養、培養應用型人才的重要途徑。

企業文化則是企業在生產經營的實踐中逐步形成的，為全體員工所認同並遵守的、帶有該企業特點的使命、願景、宗旨、精神、價值觀和經營理念，以及這些理念在生產經營實踐、管理制度、員工行為方式與企業對外形象等方面展現的總和。

企業文化是企業的靈魂，是推動企業發展壯大的不竭動力。它包含著非常豐富的內容，其核心是企業的精神和價值觀。這裡的價值觀不是泛指企業管理中的各種文化現象，而是企業或企業中的員工在從事商品生產與經營中所持有的價值觀念。

現代企業文化是企業的核心競爭力，是企業發展的基石，而企業文化建設的主體是企業員工。因此，以培養企業應用人才為己任的職業教育必須植根於企業文化之中，透過加強企業文化教育，突出職業教育的特色，使職業教育成為企業文化建設的有機組成部分，並相互促進地創造企業效益，這樣便可獲得企業文化建設與職業教育發展的雙向豐收。

隨著市場競爭越來越激烈，各種不正當的競爭手段不斷困擾著企業發展，因此，今天的企業文化與職業教育普遍強調員工的感恩、忠誠、責任等意識型態的培養，使企業真正具有核心的競爭能力。

現今的企業不僅競爭越來越激烈，而且生產成本與各種費用越來越高，產品品質要求也越來越高，產品銷售利潤卻越來越低。因此企業大多處於微利的邊緣狀態，這樣，企業普遍要求員工高效率工作、提高技能、節能減碳等，以適應新形勢下的企業生存與發展。

還有，隨著經濟的多樣性和多層次發展，現代企業的組織形式、生產經營和工作模式也相當多樣，這就對企業的管理提出了新的挑戰，但核心的觀念還是沒變，那就是要求員工具有團隊精神和合作力，這樣，企業才會形成核心的凝聚力與競爭力，才會創造企業與員工的共生共贏。

為此，筆者特別寫作本書，書中的知識內容具有很強的系統性、指導性和實用性，簡明扼要，易學好懂，十分便於操作和實踐，是各企事業公司用以指導員工教育與企業文化建設的良好讀物。

第一章

高效創新能力的培育之道

01. 掌握高效創新的核心方法

創新是一個民族的靈魂，也是推動企業發展的靈魂，可以說，沒有創新就沒有社會的發展進步。

其實，培養創新能力與從事園藝活動很相似。為了照料好你的花圃，你需要準備土壤，種植種子，確保充足的供水、光照和養分，然後耐心地等待有創造性的觀點破土而出。那麼，如何培養高效的創新能力呢？

對創造性的環境進行深入探討

創造性的思想不是憑空產生，而是來自艱苦的工作、學習和實踐。例如，如果你想在烹調方面有所創新，你就需要讀相關書籍，掌握烹調的技藝，嘗試新的食譜，光顧大量的餐廳，接受烹調培訓。這方面的知識你懂得越多，你就越有可能做出美味的、與眾不同的佳餚。同樣，如果你正為一項工作絞盡腦汁，想在這個具體的問題上有所建樹，那麼，你就需要全身心地投入到這項工作中，深入了解其關鍵的問題和環節，也即批判性地思考這項工作，研究這個問題，透過與他人討論來蒐集各式各樣的觀點，思考你自己在這個領域的經驗。總之，要認真地研究具體的環境，為你創造性的思想準備「土壤」。

亞歷山大．弗萊明發現青黴素的過程，可以說對創造性過程的第一個階段作了最好的說明。從表面上看來，發現青黴素似乎是一系列偶然的巧合。雖然弗萊明多年來一直試圖發現防止細菌傳染的方法，但是，直到有一天，他鼻子裡的一滴黏液恰巧掉在了一個盤子裡，而在這個盤子裡，恰巧盛有他一直用來做實驗的溶液。這兩種液體的混合導致了抗生素的初步產生，但是，它的效力還很弱。7 年以後，一次偶然的機會才導致了我們今天熟悉的抗生素，即青黴素的誕生。但這個發現並不是只靠運氣：弗萊明為尋找有效的抗生素已經苦苦奮鬥了 15 年，當這些偶然性來臨時，他能意識到其重要性，並果斷地抓住了它們。

這就是另一位著名的微生物學家路易．巴斯德對這類創造性的突破作出的合理總結：「機會是留給準備好的人。」

開發腦力資源的最佳狀態

有了必備的知識為基礎，就可以把你的精力投入到手頭的工作上來了。要為你的工作額外騰出一些時間，這樣你就能不受干擾，專注於你的工作了。

當人們專注於創造性過程的這個階段時，一般就完全意識不到發生在周圍的事，也沒有了時間的概念。當你的思維處於這種最理想的狀態時，你就會竭盡全力地做好你的工作，挖掘以前尚未開發的腦力資源——一種深入的、「大腦處於最佳工作狀態」的創造性思考。

在現實生活中，常常有人試圖在精力不集中的時候，如看電視、聽廣播、談話時工作，這樣做根本就不能達到工作的目標。大多數人需要全身心的集中，以便在大腦處於高峰工作期時進行工作。

因為有益的環境是重要的。為了點燃你創造性思想的火花。還有一個重要的因素是你的思想要時刻做好準備。你需要訓練你的大腦做到專心，這樣你才能有很高的工作效率。為了從你創造性的「本質」中捕捉到一些細微的訊號，你需要使你自己變得更敏感。

這是使你發覺你的創造性自我的一個有用的方法：它存在於你的「本質」，你未汙染的自我，你的核心，你真正的人格之中。這個「本質」是我們所有的人基本的組成部分，而創造性的思考則是理解這個真正的自我、你的隱祕的自我、精神的自我的關鍵。創造性的產生存在於生活中，要以你的「本質」為指引，你的「本質」是你創造性衝動的誕生之地，你的「本質」是你精神的核心，即你大腦中的意識和潛意識層次密切配合的地方，它能使獨特的創造性在你的身上結出豐碩的果實。引述專家的話來說就是：「創造性的大腦是意識和潛意識之間不同層次的統一體。」

想要具備這種專心致志的能力，在思想上有所預備是必要的。

促使創新思想產生

創造性的思考需要你的大腦放鬆下來，以創造性的靈魂在不同事物之間尋找連繫，從而產生不同尋常的可能性。為了把你自己調整到具創造性的狀態上來，你必須從你熟悉的思考模式，以及對某事的成見中擺脫出來。為了用新的觀點看問題，你必須避免慣性思考。為了避免受習慣束縛，你可以用以下幾種技巧來活躍你的思維：

1. 群策突破瓶頸法：群策突破瓶頸法是一種工作方法，主要指在與他人一起工作的過程中產生獨特的思想，並創造性地解決問題。一般是一組人在一起工作，在一個特定的時間內提出盡可能多的想法。提出了思想和觀點以後，並不對它們進行判斷和評價，因為這樣做會抑制思想自由地流動，阻礙人們提出建議。批判的評價可推遲到後一個階段。應鼓勵人們在創造性地思考時，善於借鑑他人的觀點，因為創造性的觀點往往是多種想法互動作用的結果。你也可以透過運用你思緒無意識的流動，以及你大腦自然的聯想力，來迸發出思想火花。

2. 創造「心智圖」：「心智圖」是一個具有多種用途的工具，它既可用來提出觀點，也可表示不同觀點之間的多種連繫。你可以這樣來開始你的「心智圖」：在一張紙的中間寫下你主要的專題，然後記錄下所有你能想到的與這個專題有連繫的觀點，並用連線把它們連起來。讓你的大腦自由運轉，跟隨它所建立的脈絡去思考。你應該盡可能快地工作，不要擔心次序或結構。讓其自然地呈現出來，反映出你的大腦建立連繫和組織資訊的方式。一旦完成了這個步驟，你就能夠很容易地更理解新的資訊，並以此為基礎修改其結構或組織。
3. 堅持寫「做夢日記」：夢是通向潛意識的捷徑，是發現創造性思想的豐富和肥沃的土壤。除了從你的日常生活中獲取思想之外，夢也表達了你內心深處思想過程的邏輯和情感，而它們與你創造性的「本質」緊密相連。夢具有情感的力量，生動的影像，以及不尋常的（有時候是奇怪的）連結，它可以作為你創造性思考的真正的催化劑。然而，就像是陽光下的露水會被蒸發掉一樣，夢是很容易被忘記的。為了抓住你的夢，在你的床邊放一本筆記本，把你所能回憶起來的夢的情景記下來。你的夢的其他情節可能會在白天被突然想起，盡可能地也把這些額外的細節記下來。記錄完你做的夢以後，要想辦法破譯你做的夢的含義，也要讓夢的內容刺激你創造性的想像力。

為創新思想留出醞釀的時間

把精力專注於你的工作任務之後，創造性程序的下一個階段就是停止你的工作。雖然你有意識的大腦已經停止了積極的活動，但是，你的大腦中潛意識的方面仍繼續在運轉——處理資訊、使資訊條理化、最終產生創新的思想和辦法。這個過程就是大家都知道的「醞釀成熟」的階段，因為它反映了創造性思想的誕生過程，就像雛雞在雞蛋裡逐漸生長直至破殼而出的過程一樣。當你在從事你的工作時，你創造性的大腦仍在運轉著，直到豁然開朗的那一刻，醞釀成熟的思想最終會噴薄而出，出現在你大腦意識層的表面。有些人說，當他們參加一些與某項工作完全無關的活動時，這個豁然開朗的時刻常常會來臨。

在這方面，最著名的例子就是希臘思想家阿基米德，當他在洗澡時，他豁然開朗的那一刻來到了，他光著身子跑出來，穿過雅典的街道，大聲喊著：「我找到了！」你在生活中的某種程度上肯定也有過這種「我找到了！」的體驗。有時候，儘管我們絞盡腦汁也想不起來一個人的名字或重要的細節。在這種時候，如果你停下來不去想這個問題，把你的注意力轉移到其他的事情上，常常會發現這個你百思不得其解的問題，會突然出現在你的腦海中，彷彿在你的大腦中有個電腦程式，它不停地默默掃描、處理，直到答案突然出現在螢幕上。

當然，要想讓醞釀成熟的過程發生，你必須給它足夠的時間。回想一下上一次你沒有留出足夠的時間來準備的會議或寫的某個報告。你可能已經意識到，由於你沒有留給大腦足以完成工作的時間，所以你與創新的思想和有見地的策略擦肩而過。如同為雞蛋增加溫度以加速雛雞孵化那般，儘管你可以嘗試縮短或刪減此一過程，但創造性的產生終究要仰賴於「自然而然」。你需要為創造性預留出足夠的運作時間，直到「豁然開朗的那一刻」出現，這是你對創造性的生發過程尊敬的表現。

如果你竭盡全力，按照所有的步驟為你培養創造性的園圃整地施肥，那麼，有新意的思想一定會破土而出，你看見練習這些步驟的次數越多，你的信心就會越強。請想想你生活中曾有過的「我找到了！」的時刻，並在你的「思考筆記本」上把它們記下來。這樣做不失為一種解決問題的獨特方法，以及一條實現目標或提出有新意的觀點的好途徑。

記錄思考的火花

創造性的思想火花一出現，就足以令人振奮，然而，這個時刻只是象徵創造性過程的開始，而不是結束。如果你意識不到創造性想法的出現，無法對其採取行動，那麼，此一想法就沒有絲毫的用處。在現實生活中，經常會有這樣的情況，當創造性思考的火花出現時，人們並沒有給予它們太多關注，或者認為不實用而忽略。即使它們看似古怪或遠離現實，你也必須對你的創造性思考有信心。在人類發展史上，許多最有價值的發明一開始似乎都是些不大可能的想法，它們往往被嘲笑和不齒。例如，魔鬼氈的想法就來源於發明者穿過一片田地時，黏在他褲子邊上的生毛刺的野草。具有黏性的便條紙，是偶然發現不太有黏性的黏合劑的結果。

有了想法以後，進行創造而使其變成現實，是一項艱苦的工作。大多數人喜歡提出創造性想法，與他人討論，但是，很少有人願意抽出時間，付出努力，使想法成為現實。當發明家愛迪生宣布：「天才是百分之一的靈感加百分之九十九的汗水」時，他並沒有誇張。在任何一個領域，有意義的創造性成就，一般都需要數年的實踐、體驗和再加工。即使某項發明是瞬間產生的，這個瞬間也往往只是辛苦和勤奮的冰山一角。這也就是為什麼當有人問著名的攝影家阿爾弗雷德·艾森施泰特，拍一張受人稱讚的照片要用多長時間時，他回答是「30 年」的原因。再如，雖然愛因斯坦在 26 歲時就提出了相對論，但事實上，他從年少時就一直在潛心研究這個問題了。

這一切都說明有效率的思考既包括創造性思考，也包括批判性思考。當你運用創造性思考提出創新的觀點後，接下來還必須運用批判性思考評價和再加工你的觀點，並制定出切實可行的實施計畫。接著要有落實計畫的決心，並克服在實施過程中遇到的不可避免的困難。而無論是批判性思考還是創造性思考，你都需要掌握方法，以克服你思考時產生的阻礙。

02. 培育創新精神的要訣

因循守舊、墨守成規，缺少新的思路，缺乏創新精神，只在「守」字上做文章是達不到目的的。現代經濟社會的發展日新月異，只依賴原有的基礎，終將被歷史所淘汰，要想獲得 100%完美的成功，就要有創新的精神。

創新精神不僅對自己的形象、聲譽、能力和前途有利，也會對企業有利。主管會感到你對企業的熱誠和責任感。不論你的建議是否被採納，你這種勇於創新、勇於嘗試的精神對企業的發展都將是至關重要的。

創新精神不是與生俱來的，而是與個人的能力和工作方式息息相關的，要培養創新精神，應從以下幾個方面做起。

不斷豐富自己的知識

無論你現在擁有多少專業知識，多高的學位，或有多少證書，都不應停止對知識的追求。學無止境，學海無邊，知識是學之不盡，用之不竭的。

事實上，在企業裡你具備的條件，別人也可能同樣具有，若想從眾多同事之中脫穎而出，那就要抓緊時間拓展自己的知識領域，為創新打下堅實的基礎。你不僅要成為專業人才，也要成為多才多藝的人，增加晉升管道。

合理安排工作和休息

只顧拚命地工作，而不注意適當的休息，無論你的身體多麼強壯都會有倒下的一天。主管表面上會大加讚許「拚命三郎」的作風，實際上並不欣賞。要學會工作，也要學會休息，只有這樣才能後繼有力。不少人到公司後，首先做的事是擦桌椅、喝水、整理桌面，與同事聊天後，才打起精神來專心工作。要張弛有度，有一套屬於自己的工作方式，只有這樣，才具備良好的創新開始。

靈活地安排工作

你要學會適應環境，調整自己平時的工作時間表，以便符合工作效率和品質的要求。只依照接受工作的次序來安排工作，墨守成規，缺乏創新精神，不僅會影響效率，而且還有可能得罪客戶和同事。問題要具體分析，合理安排自己的工作，靈活掌握這些規律，才能取得最佳的效果。

要有良好的敏感度

對事物要有敏銳的觀察力和感知，靈感往往稍縱即逝。無論從事何種職業，都離不開與社會的接觸，有接觸就會有碰撞，有碰撞就會產生火花。這一剎那的火花，也可能是一個新的創意，可能會為你增加升遷的機會。

要跟著主管的感覺走

如果你的主管是一個喜歡創新、主張進取的人，那麼你不妨多做一些創新嘗試，無論成功與否，主管都會覺得你是個有能力的職員。

如果你的主管是個因循守舊的人，也不一定代表他不喜歡創新精神。雖然他不想再次品嚐失敗的滋味，但為了企業的發展，他也許會贊成員工積極創新，但實行時務必注意成功機率。

03. 工作中的變革思維實踐

全球各地，各行各業都面臨著同樣一個重大課題，即如何釋放出創新的巨大潛力。顯然，若只是漫無目的的創新，其結果也只是於事無補、白費力氣。為了達到更高的效率，他們必須學會運用創新這一有力武器，來解決業務上的嚴峻挑戰。

許多時候，只要有創新意識，就會催生出創造行為，而呆板凝滯的思考方式則足以扼殺創造力。現代企業員工要在紛繁多變的市場經濟中尋找企業發展和獲利的機會，沒有強烈的創新意識是不可能成功的。

企業員工樹立「以變求勝」的態度去關注企業內部，這其實也是一種變革思維。當一切都順利時，人易於陷入安逸的生活方式，失去追求新生活的熱情。這是人自然而然的心理狀態，而這樣的思維方式將無法跟上社會變革的步伐，改良與發展都將停滯不前。

04. 打破固有思維的策略

思維是人類一切活動的源頭，也是創新的源頭。有了創新思維才能開始創新活動，有了創新活動才能產生創新成果。一個人的思考能力總體而言會不斷發展、變化，但偶爾也存在一種相對穩定的狀態；這種狀態是由一系列的固有思維所構成。

人們發現、研究，甚至解決問題往往都是憑藉原有的思考路徑（即固有思維）來進行。要想加強思考能力，就要突破原來的固有思維，更新原來的思考模式，增加、深化思維品質。

那麼，如何突破固有思維，更新思考模式呢？可從以下幾個方面培養此一素養。

突破書本定勢

有個笑話是這樣的：有位拳師，雖然熟讀拳法，與人談論拳術滔滔不絕，與人切磋時也確實戰無不勝，可他就是贏不過自己的妻子。拳師的妻子是一位不知拳法為何物的家庭主婦，但每每兩人因爭執而大打出手時，總將拳師打得抱頭鼠竄。

有人開玩笑地問拳師：「您的功夫都到哪去了？」

拳師恨恨地道：「她每次跟我打架都不按路數，害得我的拳法派不上用場！」

原來，拳師雖精通拳術，戰無不勝，可碰到不按套路進攻的妻子時，卻一籌莫展。

「熟讀拳法」是好事，但拳法是死的。就好像如果人們盲目運用書本知識，一切從書本出發，以書本為綱，脫離現實，這種由書本知識形成的固有思維反而導致失敗。

「知識就是力量」。但如果一味地死讀書，只從書的觀點和立場去觀察問題，不僅無法給予人力量，反而會抹殺我們的創新能力。所以學習知識的同時，應保持思考的靈活性，注重學習基本原理而不是死記規則，這樣知識才會有用。

突破慣性經驗

怎樣才能突破慣性經驗呢？要有「初生之犢不畏虎」的精神。初生的牛犢之所以不怕虎，是因為不知老虎為何物，牠還沒有足以讓牠意識到「老虎會吃我」的經驗。因此見了老虎，本能地勇於用牛角去頂，而這時，有「牛見了我會逃跑」此一固有思維的老虎，反倒不知所措，落荒而逃。

在科學史上有著重大突破的人，幾乎都不是當時的名家，而是學問和經驗尚且有所不足的年輕人，也因此他們的大腦擁有無限的想像力和創造力，什麼都敢想，什麼都敢做。下面的這些人就是最好的例證：

愛因斯坦 26 歲提出狹義相對論；

貝爾 29 歲發明電話；

西門子 19 歲發明電鍍術；

巴斯卡 16 歲寫成關於圓錐曲線的名著；

……

突破僵化視角

某位聲樂家有一個美麗的私人園林，每到週末總會有人到她的園林摘花、撿蘑菇、露營、野餐，弄得園林一片狼藉，骯髒不堪。就算讓人圍上籬笆，豎上「私人園林禁止入內」的木牌，均無濟於事。聲樂家得知後，在路口立了一些大牌子，上面醒目地寫著：「請注意！如果在林中被毒蛇咬傷，最近的醫院距此需駕車約半小時才可到達」。從此，再也沒有人闖入她的園林。

如此變換視角，果然輕而易舉地達到目的。

突破固定的思考方向

蕭伯納（英國劇作家）很瘦，一次他參加一個宴會，一位「大腹便便」的資本家挖苦他：「蕭伯納先生，一見到您，我就知道世界上正在鬧饑荒！」蕭伯納不僅不生氣，反而笑著說：「哦，先生，我一見到你，就知道鬧饑荒的原因了。」

「司馬光砸缸」的故事也說明了同樣的道理。常規的救人方法是從水缸上將人拉出，即讓人離開水。而司馬光急中生智，用石砸缸，使水流出缸中，即水離開人，這就是逆向思維。所以，研究問題要從多角度、多方位、多層次、多領域、多手段去考慮，而不只限於一個方面，一個答案。

只有不斷突破僵化思維、超越自我，人生才會更精彩。

05. 細節中的創新追求

創新是一個永遠不老的話題，創新並不是少數幾個天才的專利，每個人都能創新。在細節中創新，就是要敏銳地發現人們沒有注意到或未重視的某個領域中的空白、冷門或薄弱的環節，改變固有思維，就能將你帶入一個全新的境界。

在一個世界級的牙膏公司裡，總裁目光炯炯地盯著會議桌邊所有的業務主管。

為了使目前已近飽和的牙膏銷售量能夠再加速成長，總裁不惜重金懸賞，只要能提出足以令銷售量成長的具體方案，該名業務主管便可獲得高達十萬美元的獎金。

所有業務主管無不絞盡腦汁，在會議桌上提出各式各樣的點子，諸如加強廣告、更改包裝、鋪設更多銷售據點，甚至於攻擊對手等等，幾乎到了無所不用的地步。而這些陸續提出來的方案，顯然不為總裁所欣賞和採納。所以總裁冷峻的目光，仍是緊緊盯著與會的業務主管，使得每個人皆覺得如坐針氈。

在會議凝重的氣氛當中，一位進到會議室送咖啡的基層員工無意間聽到討論的議題，不由得放下手中的咖啡壺，在眾人沉思方案的肅穆中，怯生生地問道：「我可以提出我的看法嗎？」

總裁看了她一眼，沒好氣地道：「可以，希望你所說的不會浪費大家的時間。」

這位女孩輕巧地笑了笑說：「我想，只要我們將牙膏的管口加大，大約比原口徑多一點，擠出來的牙膏跟著增加。這樣，原來每個月用一條牙膏的家庭，是不是可能會因此多買一條牙膏呢？諸位不妨算算看。」

總裁細想了一會兒，率先鼓掌，會議室中立刻響起一片喝采聲，那位員工也因此而獲得獎賞。

這就是在細節中求創新的益處，它可以帶你走出毫無頭緒的困境，柳暗花明又一村。也許某個不經意的小細節，讓你靈光一現，你便會有所突破，前途無量。

06. 在職場實踐永續創新

優秀的員工善於嘗試和冒險，同時又能寬容地對待犯錯，一些優秀的企業甚至鼓勵員工犯錯，以維持員工創新的熱情和積極性。因為，創新意味著從無到有，充滿著風險和不確定性，遇到挫折或失敗是正常的，但風險往往又蘊含著機遇和未來。

想法缺乏創意是個遺憾。主管一般欣賞「有想法的人」，如果主管說什麼你就做什麼，對主管的要求照單全收，沒有任何創造精神，對工作上也不積極主動，那麼久而久之主管是不會喜歡你的。如果你要得到主管的重用，就要創造性地完成主管交辦的各項任務。

創新意識意味著一種永不滿足的追求，員工的創新意識是與他極其強烈的成就欲望和事業心密切相連的，這就是一種永不滿足的追求。但是，並不是每個人都可以成功地發揮自己的創造力，從而取得別人所不可能取得的成績。人們無法發揮創造力的原因有很多，有的是因為心中存在某種局限性觀念，有的是存在某種心理障礙，也有的是因為沒有處理好循例與創新之間的平衡。所以員工要提高和發揮自己的創造力和創新思考，必須突破許多障礙，勇於打破一切常規，邁出步伐。

要想真正發揮創新潛能，除了要有勇於嘗試與創新的勇氣，還必須精心培育你的創造力。

以下是許多優秀企業的員工常用的 6 種創新方法：

經常表達自己的想法

如果你有想法，不管是什麼樣的想法，你都應該表達出來。如果是獨自一人，你就自行整理成篇；如果身處團體之中，不妨與其他人共同探討。把你不尋常的離奇想法說出來，將它們從頭腦中釋放出來。

及時記錄下來一些想法

人們在工作、生活、交際和思考過程中，常會出現許多想法，其中的大部分會因為不合時宜而被人們擱置而徹底放棄。事實上，在培養創新思維的過程中，從來就不存在「壞主意」這個詞彙。三年前你的某個想法也許不合時宜，三年後卻可能成為一個真正的好主意。更何況，那些看來怪誕的、不成熟的想法，也許更能激發你的創新意識。如果你能及時地將自己的想法記錄下來，那麼，當你需要新主意時，就可以從回顧過往著手。而這樣做，並不僅僅是為了抓住新的機會，更是一種重新思考、重新整理的過程，在這個過程中，更容易捕捉到具創新性的思想。

向自己提問

如果不常常問自己「為什麼」，你就很難產生創新性的見解。成功的人的目光往往能穿透事物表象，進而找出真正的問題。他們從來不把任何事情看作理所當然，也從來不會把任何事物的形成簡單地看作水到渠成。那些不明確的，看來似乎是一時衝動之下提出來的問題，往往包含更多創新性思維的火花。

努力實施創新性想法

即使想法有創新性，如果不去努力實施，再好的想法也會離你而去。想努力去做，卻又因為短期內沒有顯著效果而不持之以恆，你也會和成功失之交臂。只有堅持努力，持之以恆，才會如願以償。

換一種新的方法來思考

墨守成規，不可能產生創新的想法，也無法使人擺脫困境。有人喜歡用比較分析法來思考問題，面臨抉擇時，總習慣將正反兩方的理由寫下來分析比較；也有人習慣用形象思維法，把沒法解決的問題畫成圖表。試試看換一種方法去思考，或交替使用各種不同的思考策略。也許，困難就會迎刃而解。

永遠充滿著創新的渴望

滿足於現狀，就不會渴望創造。沒有樂觀地去期待未來，或者因為眼前的願望無法實現而不去追求更長遠的目標，都會妨礙創造力的發揮。只有心中充滿改變現狀的渴望，才會不斷地去創新。

07. 創新能力的自我提升之路

創新是社會發展的基礎和泉源，失去創新，社會將停滯不前。要提高個人的創新能力，需要從以下幾方面入手。

留意前人的經驗和教訓

任何一項創新都不是無源之水、無本之木。因此，如何利用前人的知識和智慧是非常重要的，也只有如此才可以少走彎路，避免不必要的麻煩。

前人的經驗和教訓是我們創新的基礎，透過借鑑前人，我們可以站在巨人的肩膀上看待、考慮問題，進而找出解決之道。

總結前人的失敗經驗

我們每一個人都堅信失敗是成功之母，但是如果一味地橫衝直撞而不去考慮失敗的原因，對我們沒有任何幫助。透過前人失敗的經驗我們可以發現很多問題，還可以透過改變方法和途徑，成功解決一些我們目前遇到的問題。

養成思考的習慣

遇到問題要注意從多方面考慮，而且要持之以恆，更要養成思考的習慣。只有這樣，創新才能在不知不覺中出現；單純的為創新而創新，出現好點子的可能性也不大。只有從多方面考慮和解決問題，創新的靈感才能出現。千萬不要輕易讓靈感溜走，生活中處處有靈感，一旦產生就要記錄下來。時間一長，新的思路、方法和途徑自然就出現了。

此外，要提高創新能力，還必須做到以下幾點：

1. 必須具有強烈的事業心和責任感。具有高度使命感的人，才會有強烈的憂患意識，才能「先天下之憂而憂」，戰勝自我，不斷尋求新的突破。難以想像一個對自己所從事的工作毫無責任心的人，會積極主動地鍛鍊思考能力，創造性地解決問題。
2. 必須活用知識。任何創造都是對知識的綜合運用。創造性思考作為一種思考上的創新，必然要以知識作為前提條件。沒有豐富的知識為基礎，就不可能利用知識的相似點、交叉點、相通處來聯想，不可能改變思考路徑，實現思維創新。

3. 必須堅持思維的相對獨立性。思維的相對獨立性是創造性思維的必備前提。愛因斯坦說過，應當把發展獨立思考和獨立判斷的能力放在首位。提高創新思考能力必須不迷信前人，不盲從已有的經驗，不依賴已有的成果，獨立地發現問題，獨立地思考問題，獨闢蹊徑，找到解決問題的有效方法。

08. 突破常規的創新思考技巧

職場中，許多抱著老傳統不放，缺少創新精神的人不在少數。

由於整個市場是動態的，知識不斷增加，工作中會面臨到的問題也日新月異，這就要求人對於解決問題的角度要有所突破，而人的思考方式往往習慣固守傳統 —— 受該行業的各種框架所束縛，被「看似理所當然的事」所惑。那麼，工作的效率和進度必然受到影響，甚至不戰而敗。相反，敬業的員工在專注工作的同時勇於打破常規，勇於嘗試用創新的方式解決問題，必然帶來更大的成就。

縱觀在職場中呼風喚雨的成功的人，一般都不是那種因循守舊的人，而是能夠站在創新的立場上考慮各種問題的人。有些時候，因循守舊的人越專注，他離成功就越遠。專注，能集中個人全部的精力；創新，能找到解決問題的捷徑。兩者只有相輔相成，才能取得更傑出的成績。創新要以一定的理論基礎或現實因素作為前提，憑空想像根本不可能取得成功。沒有創新精神，再怎麼專注，只能固守舊習而難以走出屬於自己的康莊大道。

09. 啟發個人創造力的有效方法

你是有創造力的人嗎？或許你跟大多數人一樣，認為自己沒有。我們從小就聽人說，創造力是罕見的、神祕的，只有藝術家才有。但其實創造力每個人都有，無人例外。

為了激發出你的創造力，必須掌握一些策略。

捕捉靈感

新點子稍縱即逝，如果不快點抓住，靈感往往一去不復返。那些懂得發掘創造力的人，都已學會如何捕捉和保留新點子。他們善於「捕捉」靈感。

閉上眼睛，讓思緒漫遊幾分鐘。身體放鬆，讓思想自由馳騁。離開房間，離開地球，飄向星際，只要時間寬裕，不分神，每個人都能看到、聽到或感受到一些尋常較少注意到的事。

每個人都有自己的靈感來源。也有些人在特定的時間和情況下，捕捉靈感較為容易。

置身於挑戰中

使新點子快速出現的有效方法之一，就是把自己放在可能失敗的困難環境中，只要你處理得當，失敗可以成為創造力的泉源。

一般來說，如果做某事失敗了，沮喪過後，我們往往會開始嘗試別的辦法——這對創造力的培養非常重要。許多想法的互相競爭，可以大大加快創意出現的過程。

有些難以解決的問題、無止境的挑戰，可以用來增加創造力。畢竟，我們並不想困守在沮喪的情況裡。當我們感覺受到妨礙，會本能地想逃離當下的困境，從而激發出各種靈感的火花。即使難以立即找到解決的辦法，但是這些當下無法解決的問題卻可能激發出一些有趣的新點子。

拓展眼界

知識越博越雜，你潛在的創造力就越豐富。

無數的進步是源於創造者在不同的領域擁有的豐富經驗。所以，你應該增加你的知識量，弄清楚你一無所知的領域，強化你的創造力。

製造刺激

在你周圍放些可刺激思考的東西，並經常更換這些刺激源，藉此增強創造力。多樣化又不斷改變的刺激，可以幫助你想出各式各樣的點子。

與周圍的人相互影響也是「製造刺激」的一種方式。例如利用團體時間「腦力激盪」總有些收穫，因為開會時會面臨來自多方的刺激。

當創造力不斷增強，我們就能更好地解決日常工作和生活中的小問題，使新念頭、新成就層出不窮。

創造力除了和發散性思考密切相關外，和人的個性及心理特徵也是分不開的。具有高創造力的人總是有些「不可思議」的特殊行為表現。他們通常在獨立性、富於幻想、持續性、自制力和承受挫折的能力等方面超出一般人。

10. 勇於創新的做法

在現代企業裡，主管對於每個員工的考核，不再僅僅局限於專業技能的優劣，具備創新意識和創新能力的員工更受主管器重和依賴。

想成為一個優秀員工，就應該具備創新精神。倘若你成功了，你不僅可以自由表達自己的觀點，而且能得到企業內部主管的鼓勵和賞識。

創造力是最珍貴的財富。如果人具有這種能力，就能準確掌握生活中的最佳時機，從而締造出偉大的奇蹟。

創新並不是難如登天的事，每個人都具備創新的潛力。然而多數人對於職場都有惰性，沒有創新精神，也就不可能有創新的行動。一切都按固定的模式去做，結果往往是整日庸庸碌碌，沒有絲毫改變和進步。

別以為我們不是決策者也不是菁英的話，就與創新無緣。只要在自己的本職中找準一個立足點，將最切合實際的且只是平日忽略了的、小小的改進，運用到我們的工作中，也許就能發揮巨大的作用。要堅信：創新不只是菁英們的專利，我們每一個人都能做到創新！

11. 克服創新時常見的錯誤

當代人的工作都非常具有挑戰性。如果你缺乏創造力，不勤奮敬業，你連勉強合格都談不上，又遑論成功呢？世界變化如此之快，僅靠舊時思想很難跟上。

幸運的是創造力並不神祕。偉人有言：「創造和發現即是見他人之所見，想他人之不想」。

怎樣才能「想他人之不想」呢？通常它只在頭腦中一閃而過，牛頓發現萬有引力就是一例。學者指出：要想有所創造、有所發現，就必須突破束縛創造力的桎梏，這些桎梏包括：

相信正確答案是唯一的

從進入學校的第一天起，老師往往會告訴我們每一個問題都有一個相應的正確答案。然而許多重要的事通常都是開放性的，遠非只有一個答案。如：「失業後我該怎麼辦？」明顯正確的答案應該是：「重新再找一個。」但是另一個也正確：「學習新的技能。」第三個也同樣正確：「開創自己的事業。」

只要尋找別的答案，就可以開創出新的解決方法。法國哲學家埃米爾·沙爾捷說：「僅有一種想法比任何事情都可怕。」

輕視發散性思考

毫無疑問，過分注重邏輯會抹殺創新思考的可能，因為它排除了看來似乎矛盾的各種可能性。發散性思考像一塊自由的天地，在這裡，新的想法能夠很快地發芽。發散性思考中的相似性和類推性，能夠幫你很快地解決問題。

囿於常規

如果你無法打破常規，你將永遠無法獲得新的想法。諾蘭·布希內爾是雅達利有限公司的創辦人，同時也是電子遊戲的創始人之一。他是一位富有實驗精神的人。有一次他想發明一種更富有樂趣的大型電玩遊戲。按常規，這種遊戲機臺的面板只有 26 英寸寬。很長一段時間內他遵守著這一規則，但是工作卻毫無進展。最後，他打破了這一常規，將操作面板的寬度增加到 30 英寸，從而提高了這種遊戲的趣味性。

受「實際情況」的約束

要發展想像力，首先需要的是各種具可能性的設想，而不是狹隘的實際。「如果……將……」的自問能夠將你引入新的領域。

有家化學企業裡的一位工程師突發奇想，問同事們：「如果在牆壁上塗上火藥，會怎麼樣呢？當它幾年後開始剝落時，整修時用一根火柴就可以將殘漆通通燒掉。」當然房子也有同時燒毀的可能。於是這些同事們開始集思廣益，結果啟發了他們打算研發一種能夠很容易清除油漆的活化劑。

害怕失敗

具有創造力的行動無礙你的人生，千萬不要怕任何失敗或錯誤。如果你正在尋找某種嶄新的想法，你需要的是承受挫折的精神。

某位劇團明星曾言，在他的職業生涯中，他已收集超過3,000件觀眾的投擲物。他說：「在我的人生裡，我已經被喝過不下一萬次的倒采。這也就是說，我失敗過至少7,000次。而這一事實能夠使我保持頭腦清醒。」

他清楚地意識到，成功和失敗是一體兩面的，錯誤不過是通向成功的階石。IBM公司的創始人湯馬斯·華生說過：「通往成功的路即是將你失敗的次數增加一倍。」

無法把生活經驗應用到工作中

新的思維和創新常常來自於那些與工作毫不相干的領域，所以你要做個事事留心、事事細心的博學之人。成功者有所涉獵的領域通常很廣，並有一雙機警的慧眼，這樣才能不放過任何成功的可能。

富於創造的人必須是萬事通，對每件事都感興趣，他知道在某一領域裡學到的東西很可能在其他領域裡也有用。

缺乏創造性的自信

創造應該是生活和工作的一部分，而不單單是藝術家和發明家的專利。如果將總貶低自己毫無創造性，我們就會習慣自我安慰而不求進步。一個認為自己在日常生活中無所創造的人，在碰到重要問題時不可能去嘗試尋找創新的答案。

一家原油企業僱用了一批心理學家，想要找出為什麼研究部門和發展部門裡有部分的人比另一些人更有建樹。3 個月的研究使心理學家們得出了這樣的結論：有建樹的人認為自己更有創造能力，而無建樹的人卻認為自己沒有。

自信是創造的基礎。任何新的思想都將使你成為先驅者，一旦將其付諸行動，就要獨自面臨失敗和受嘲弄的風險。

12. 減少阻礙創造力發揮的因素

創造力是人類智慧的重要部分之一，充分發揮人的這一天賦能力，是創新工作的必要條件。充分發揮創造力，勤奮敬業，會使你的工作更加順利，突破自我，成功不斷。怎樣才能更快地培養自己的創造性思考能力呢？要想充分發揮創造力，樹立創新意識，必須克服以下幾種常見的障礙。

衝破習慣或常規的束縛

在日常生活中，那些曾經在前人的實踐中被證明是有效的方法和對策可能成為一種習慣，或稱常規，而我們對許多事情的處理都是由這種習慣或常規來決定的，因而在許多企業裡，許多日常工作都有一定的慣例或程序；但這種按慣例行事的做法不一定都能取得最好的成果。這種單憑習慣或先例來決定思考和行動的方式，往往忽略了隱藏的創造契機，對於創造力的發揮是不利的。我們應該凡事多問問：「為什麼要這麼做？」「如果沒有這一部分，整件事會如何發展？」只有追根問柢，才能找出改進的途徑。

把批判力和創造力統一起來

一般人認為，批判力和創造力就像油和水不能相融一樣，是難以妥協的。實際上，在創造活動中，兩者正是彼此重要的合作夥伴。

在日常中，人們會遇到許多發揮創造力的機遇，但能否有所成果，這不僅與環境有關，更重要的是與人自身的因素有關，與是否正確地處理「批判力」和「創造力」的關係有關。批判力一般是否定性的，而創造力則是一種由希望和熱情、勇氣和自信心組成的積極的心理狀態，是肯定性的。如果創造力在你的頭腦裡占據了主導地位，你的腦子一定會變得靈活起來。反之，如果老是用否定的眼光來看待事物，雞蛋裡挑骨頭，那就必然會妨礙創造力的發揮。

兩者看似水火不相容，其實是必須統整並靈活運用的。批判和判斷常常只以眼前的事實作為依據，它們更多地是傾向於保守地維持現狀而不是前進。而創造力的目標則是未知的事物，啟動想像力，並努力把「不可能」的事物轉變為可能。

看透表象

由於經驗的累積，人們對於某些事情往往自以為「見微知著」，這就會帶來弊病——單憑表象來判斷一切，而不作更深一步的思考。

例如小王在公司裡工作勤懇，每天大家都下班了，他還在處理一些沒有完成的工作，就連周末假日也不例外。大家都認為他對工作充滿熱誠，理所當然該常常受到表揚。可是，如果從工作效率或具體的工作方法上來看，那他也許不值得稱讚；因為唯有他一人每天需要加班，如果不是私人因素，就是他的工作出了某些值得探究的問題。

只有全面地看待事物，看清其本質，才能正確地了解情況，準確地收集資訊，為發揮創造力完善前置條件。

超越經驗和專業知識

一家規模不大的建設公司在為一棟新樓安裝電線。在一處地方，他們要把電線穿過一根 10 公尺長、但直徑只有 3 公分的管道，而且管道是砌在磚石裡，並且彎了 4 個彎。這對非常有經驗的老工程師來說都感到束手無策，顯然，用常規方法很難完成任務。最後，一位剛入職不久的年輕工人想出了一個非常新穎的主意：他到市場上買來兩隻白鼠，一公一母。然後，他把一根線綁在公鼠身上，並把牠放在管子的一端。另一名工作人員則把那隻母鼠放到管子的另一端，並輕輕地捏牠，讓牠發出叫聲。公鼠聽到母鼠的叫聲，便沿著管子跑去找牠。公鼠沿著管子跑，身後的那根線也被拖著跑。因此，工人們就很容易把那根線的一端和電線連在一起。就這樣，穿電線的難題順利得到解決。

經驗限制了那些老工程師的思維，面對新問題時他們一籌莫展。

現代科技的特點是專業分工越來越細，而具有廣博的知識，能利用綜合性學術觀點來解決問題的人卻越來越少。雖然專業分工越細越有利於人們深化自己的知識，但隨之產生的另一個問題是由於視野狹窄而使得創造力大受影響。深度和廣度看上去是矛盾的，但實際上卻是相互督促的。專業知識過於集中，就不容易看到事物發展廣闊的前景，也容易忽視一些具有啟發意義的重要情報，難以更有創造性地進步。

積極思考解決問題

人的惰性往往讓人對變化有一種本能的排斥。人們老是說：「這是不可能的」「那是不現實的」，總愛把當下的現實當作最合理的狀態，把未能充分發揮創造力一事也看作是正常現象。一旦有人要挑戰現狀，便會受到各種非難，甚至被看作「理想家」、「怪人」等等。

有句古諺說：5%的人主動思考，5%的人自以為在思考，5%的人被迫進行思考，而其餘的人一生都討厭思考。這話未必正確，卻在一定程度上說明了人們有迴避思考的傾向。

主動培養創造意識

創造力絕非像神話或傳說中所描繪的那樣，會在某天早上突然降臨到你身上。大量的觀察和研究證明了，創造力是靠充沛的創造欲望和強烈的動機來驅動的。創造動機不足的人，無論你再怎麼逼自己創造事物都不會有太大成效。創造力是個人內在的能力，必須靠自己去培養。而動機薄弱正是創造力埋沒和退化的主因。

超越消極情緒

情緒和思考都是人與生俱來的，但若過度情緒化，甚至多思多慮，常常會阻礙創造力的發揮。某些嚴重的情緒障礙會使你的頭腦紛亂，干擾思考，容易使人鑽牛角尖。此外，怕失敗、怕被嘲笑、怕被批評、孤立的恐懼，也都會壓抑你的創造力。

保持好奇心

日常生活中，許多人總是認為身邊的一切平淡無奇，沒有什麼值得特別注意的，這種人即使接收到新的情報、資訊也往往會忽略過去。而另一些人的反應就大不相同，他們對於萬事萬物總抱有一種新鮮感，哪怕是枝微末節的小問題，也不放過，總想比別人多知道一些東西。這就是好奇心強的表現，如同砂粒刺激珠母蚌從而產生了珍珠一樣，好奇心能激發發明家的創造欲望。

古往今來，無數事實表明，只有那些具有孩童般好奇心，且如飢似渴地追求新知的人，才可能產生具創造性的發明。

克服從眾心理

人是社會的一員，難免受他人或某些事物影響而改變自己的個性。雖說在團體中，不一定會要求每個成員都得是同一種類型的人；但以企業為例，任職同一間公司的人往往會被「必須如何行動」此一規則所約束。而實際上，人是各有特點的，同樣一件事，各人可以按各自的方式處理，這比強求一律的方式要好得多。

要是遇上一些自己也無法處理的問題，人們總用「大家都這麼做，我也只要照辦就行了」這樣隨意的理由來說服自己，不去思考新的解決之道，這就難免走進因循守舊的死胡同。

活用書本知識

書本知識不代表一切。用在考試上當然很有用，但考試只能檢測出你學習的程度，與創造力沒有絕對的因果關係。

實際工作中，有些問題光憑「知識」是無法解決的。當然，也許你曾受過從事某項工作的業務訓練，或有一本關於從事某項工作的「手冊」之類的東西。但你仍無法僅因為擁有這些知識，就能確實地在工作中訓練到自己的創造力。

所以，切不可拘泥於書本知識，更重要的是豐富所學並靈活地運用知識，鍛鍊自己解決實際問題的能力。

13. 沒有創新就沒有發展

創新是一種態度，它能讓你擁有無數夢想，讓你的生活變得更加精彩。只有創新，你才能把一切變得更美妙、更有效、更方便，而沒有創新，人生就不可能有所發展。

無論是輝達公司的創辦人黃仁勳、擅長多角經營的富邦集團，還是營收穩定成長的瑞昱公司，營運績效優秀的中租控股，如今最有「人氣」的企業家和公司都離不開兩個字——創新，他們在演講中所講述的經驗和發表的感慨也都能見到「創新」的重要性。在成功企業家的成長歷程中，我們會發現一條清晰的脈絡，即創新引領他們走向成功，使他們的職涯發展蓬勃。

然而，對大多數人來說，創新和創造依然是陌生而神祕的，彷彿它只是少數天才的專利。一位學者在上課的時候，就曾經向學生抱怨：儘管愛因斯坦創造了天才的物理學理論，卻沒有留給後人如何思考問題的方法，因而使後人很難向他學習。

其實，創造的成果可大可小，內容、形式也可以各不相同。尤其是在 21 世紀的今天，創造已經不僅受限於科學家、發明家在實驗室裡的研究成果，它早已深入到我們每一個人的生活、工作、學習之中，人人都可以「創造」新事物。所有人在生活、工作的各個領域都可能隨時隨地迸發出創造的火花。

創新並非高不可攀，每個人都有創新的能力。創造力是每個人都具有的內在潛能，普通人與天才之間並無不可踰越的鴻溝。與其他能力一樣，創造力是可以透過教育、訓練而激發出來，並在實踐中不斷被提升、發展的。它是人類共有的可開發的財富，是取之不盡、用之不竭的「能源」。

總之，能掌握創造力並進一步活用的人，就會成為職場上的贏家；若是一味地拒絕創新，就只能永遠原地踏步。

第二章
工作效率的高效培養策略

拋開其他因素，如果你單純緣於高興而從事某項工作，那麼這就是你應該做的工作，你會學到很多東西。

——〔美〕巴菲特

01. 高效工作方法的探索

我們身邊總不乏這樣一些人，他們不論平日還是假期，都不惜將自己全部的精力放在工作上，一旦工作中斷，他們就像丟了魂似的，心神不定。

可不幸的是，這種人往往很難飛黃騰達。這是為什麼呢？許多精明的上級主管從下屬的忙碌中能看出許多問題，他們之中有一部分人是因為自己的能力有限，於是就希望透過忙碌來引起主管的注意，他們生怕自己的重要性被忽視，便加倍忙碌，其目的在於把自己表現為一個能幹的人。但精明的主管總能透過他們的工作內容，看出他們的本領，而無須探詢他們忙得團團轉的理由。因為真正困難的工作不一定會使人忙碌，而終日忙得暈頭轉向的人也不一定是個能幹的人。

日本有部心理學著作認為：有的人總是試圖炫耀自己對於工作廢寢忘食，其實是為了隱藏他內在本質上的怠惰。上級主管往往會認為這是一個對工作缺乏注意力和興趣的人，他也許是害怕遭到別人的非難和懲罰，以至陷入戰戰兢兢的狀態裡，倘若承受不了接踵而來的壓力，為了消除內心的緊張和不安，迫使他只好採取某種期待被讚賞的行動，於是他成了一個整日碌碌無為的員工。

有的人忙碌到近乎病態。他們事事認真，腦子裡的弦每天都繃得緊緊的。一旦上級不賞識自己，這些人便會暗生怨恨，抱怨上級有眼無珠，看不到自己付出的辛勞、付出的時間等等。同時也往往因此越來越怠惰。有的主管相當反感這種整天瞎忙又愛抱怨的人。

正常人的生活總要分為工作、家庭和休閒三部分。每個人都需要根據自己的情況，合理分配這三方面的時間，藉此獲得身心的平衡和穩定。一旦全力以赴地投入到其中之一而又沒有得到滿足時，這三者的平衡便會立即崩潰。

雖然有時無法合理安排自己生活的人，常常能成為一個好的能幹的員工，但這種人當主管是不太合適的，因為他們不太適合做管理、排程的工作。試想，他對自己的需求和意願都無法很好地釐清，又怎能及時滿足大家的各種要求和充分激勵大家為團隊積極付出呢？因此，這種人往往很難升遷。

02. 實踐高效工作方法的技巧

高效工作強調的是效率，即讓我們更快地朝目標邁進；效率重視的是完成事務的最好方法。如果我們有明確的目標，確保自己是在有效率地做事，接下來要「成事」，就是「方法」的問題了。

有人認為，優秀的員工一定是公司中最忙碌的人；事實上，優秀的員工並非看起來最忙碌，他們十分注重工作方法，張弛有度。他們非常清楚自己的生活方向，也善於安排時間、掌控節奏，知道自己該在什麼時間做什麼事情。即便是忙，也極有規律。

事實上，每天忙得暈頭轉向的人，工作並不一定有成效，在如今資訊龐雜、快節奏的職場環境裡，我們必須在越來越少的時間內，完成越來越多的事情。

運用高效的工作方法是克服無為的忙碌，找到獲取成就的最佳途徑。

化繁為簡，把複雜的問題簡單化

在做每一件事之前，應該先問幾個問題：

這項事是必須完成的嗎？是根據習慣而做？可不可以乾脆省去這件事或至少省去一部分的步驟呢？

如果必須做這件事，那麼應該在哪裡做？既然可以邊聽音樂邊輕鬆地完成，還用得著在辦公桌前冥思苦想嗎？

什麼時候做這件事好呢？是否要在效率高的寶貴時間裡完成最重要的環節？

對於這件事，最好的做法是什麼？是針對主要問題以達到事半功倍的效果？還是想想如何採取最佳的方法以提高效率？

區分先後與輕重，條理化工作順序

條理化工作順序是防止忙亂、獲得事半功倍之功效的最好辦法。

1. 保持辦公桌整潔。去掉與目前工作無關的東西，確保你現在所做的事是此刻最重要的，所有的專案都在檔案中或抽屜裡占有一定的位置，並把相關物品放到相應的位置上。
2. 懂得拒絕。我們不可能一個人做完所有的事，一個人要學會調整自身狀態，要懂得拒絕別人的要求。有些事情值不值得為它去拚命，如果不值得，那麼就乾脆放手，去做其他更重要的事情。切記不要因為其他更有吸引力的干擾或因你厭煩了手上的事務，而放下正在做的事情去處理其他工作。一定要確保你在結束這項工作之前，為它採取了所有應該採取的處理措施。萬一遇到自己能力範圍外的事，可以集思廣益，一起解決。
3. 主動協助主管排定優先順序。也許你常有「手邊的工作都已經做不完了，又丟給我一堆工作，實在是不可理喻」的煩惱。你該做的是與主管多溝通，主動幫助主管排定工作的優先順序，這樣一來便可大幅減輕工作負擔。

靈活行動，工作方法多樣化

1. 找到最佳方法。原有的工作方法未必就是最好的方式。認真分析原用的方法，找出那些不合理的地方，加以改進，使之與實際的目標要求相應。
2. 也可以明確的目的為基礎，提出實現目標的各種設想，從中選擇最佳的手段和方法。
3. 重新排定事務順序。即考慮做事時採取什麼樣的順序最合理，要善於打破慣例，適當地拆解、重組，重新進行排列。
4. 避免重複勞動。如果有兩項或兩項以上的工作，它們既互不相同，又有類似之處，互有關聯，實質上又是服務於同一目的，就可以把這些工作結合起來，利用其相同或相關的特點，一併解決。這樣自然就能夠省去重複某些步驟的時間。
5. 善於勞逸結合。盡可能把不同性質的工作內容互相穿插，避免用腦過度，如寫報告需要幾個小時，中間可以找人談談別的事情，讓大腦休息一下；又如上午在辦公室開會，下午就可以出外去做調查研究。

6. 常見問題標準化。即用相同的方法來安排那些必須時常進行的工作。比如記錄時使用通用的、明白易懂的符號，這樣一來就更簡單了。對於客戶的常見問題，可事先準備好標準答覆。

03. 讓工作有效率的祕訣

「高效」有時候並不需要什麼技巧，很多人在抱怨沒有足夠時間的時候，其中的潛臺詞是他們應該更專心。時間對每個人都是公平的，你需要的是不要浪費時間。

防止浪費時間的竅門

1. 如果這件事情不需要上網就可以完成，就中斷網路連線。
2. 延長檢視電子郵件的週期。
3. 如果手上的工作很重要，工作期間不要接電話，之後再回撥就好了。
4. 如果你的工作環境讓你難以專心，換個沒人打擾的地方。
5. 看電視、手機意味著「這段時間我浪費了也無所謂」。

6. 平衡你的娛樂和工作時間。
7. 時時檢查你的時間安排和現在已經進行中的專案。
8. 以小時為單位劃分你的工作時間，用更少的時間做更多的事情。

專心的竅門

1. 清楚的寫下你的目標，放在一眼能看到的地方。
2. 多和專心工作的人在一起。
3. 盡量把資源用在主要目標上，把時間花在刀口上。
4. 回顧總結以往的成功和失敗的經驗。
5. 清楚明白你想要得到的是什麼。
6. 不要太容易放棄。
7. 想像一下成功後的樣子，寫下來，每天讀讀。
8. 學會把大事劃分為幾個階段，完成一個階段，再進入下一個。
9. 養成好習慣。
10. 吃好睡飽。
11. 維持家庭關係，這是你完成其他工作的保障。

04. 塑造高效工作環境

優雅的辦公環境，對於提高辦公效率非常重要。以下幾點可以幫助你營造出高效率的辦公環境。

將不常用的東西轉移到其他的地方

隨便看看你就會發現，辦公室裡很少使用的東西數量驚人。過期的檔案、不用的信箋、從來不開的檯燈……不一而足。最好在伸手可及的範圍內只保留最為常用的東西，將那些不是每天都要用的東西移出視線之外。

清理過期的檔案並另外存放

沒有必要將辦公室的檔案櫃都塞得滿滿的。幫檔案櫃「瘦身」——清理過期檔案並另外存放。這項工作耗時不多，但可謂一舉兩得：既節約了時間又騰出了空間。

留意你的電腦螢幕

如果電腦螢幕太大，占據你的桌面太多空間時，要留出更多空間給其他辦公用品是比較困難的。一個選擇是使用螢幕架，可以將檔案和其他東西放到它下面；另一選擇是換用尺寸合適的螢幕，具體可依辦公桌的大小來決定。

充分利用辦公空間

如果辦公場所狹小，就要想辦法充分利用每一寸空間。可以將置物架裝到牆上，桌子下面可以用來放檔案櫃或電腦主機。如果桌上要擺傳真機、印表機等多種辦公裝置，可以考慮購買一臺多功能一體機。

扔掉舊的文書資料

你可能儲存著不少不再需要的過期出版品，那麼請在清理辦公室雜物時將它們扔掉。如果擔心會丟掉重要的文章，在扔掉它們之前瀏覽一下目錄，將真正需要的文章剪貼留存。不要用太多的空間來存放出版品，這樣能夠縮短你的閱讀和清理的週期。

05. 工作策略：高瞻遠矚與細緻入微

一開始懷有最終目標很重要，但是，如果不懂得拆解目標，一步步進行，「最終目標」就會成為海市蜃樓。

要想依據我們選定的方向到達目的地，得學會拆解大目標，變成一個個容易實現的小目標，將其各個擊破。

許多人做事之所以會半途而廢，並不是因為困難太大，而是目標較遠，短期內難以看出成效，正是這種因素導致失敗。的確，僅在方向的指引下我們看不到彼岸，大目標總是遙不可及，但若把長期目標分解為若干個小目標，逐一跨越它，就會輕鬆容易許多。

目標是逐步實現的，實現目標的過程是由現在到將來，由小目標到大目標，一步步前進的。而在設定目標時，運用「剝洋蔥法」，由將來到現在，將大目標分解成若干個小目標，再將每個小目標分解成若干更小的目標，一直分解下去，那麼每實現一個小目標時，你就會備受鼓勵，而且你會很清楚你接下來該去做什麼。

比如，你可以這樣應用「剝洋蔥法」：首先確定你的終極目標，再把你的終極目標，衍生為你人生的總體目標，人生的總體目標不要太多，最好是一個，不要超過兩個。然後，把總目標分解成幾個 5 ～ 10 年的長期目標，再繼續分解，把每個長期目標分解成若干個 2 ～ 3 年中期目標，然後把每個中期目標分解成若干個 6 個月至 1 年的短期目標。進而，再將每一個短期目標分解成月目標，月目標變成若干個周目標，周目標變成若干個日目標，最後，依次分解到現在該去做些什麼。所有的目標不管它有多大，一定要分解到你現在該去做點什麼。因為你現在做的每一件事情都應跟你的夢想有所關聯，否則這個夢想就難以實現了。

長遠目標：5～10年

長遠目標與你所追求的整個生活方式是密切相關的——你想從事的職業類別，你是否想結婚，你嚮往的家庭模式，你追求的總體生活境況。在考慮長遠計畫時，不必拘泥於細節，因為以後的變化太多。應該有一個全域性的計畫，但又要有一定的靈活性。

中期目標：2～3年

中期目標指用5年時間所達到的目標，它包括你正在追求的那種專門的訓練和教育，你生活歷程中的下一步。

你能夠較好地把握住這些目標，並且在實施中能夠預見你能否達到目的，並按照情況的變化不斷調整努力的方向。

短期目標：6個月至1年

短期目標指的是6個月至1年的目標。你能很現實地確定這些目標，並能夠迅速明確地說出你是否正在實現它們。

不要為自己設立不可能實現的目標。人總是希望自己有所進步，但也不應要求過高，以免因達不到目標而失去信心。目標要實際，更要努力地去實現。

近期目標：月、週、日

小目標指的是 1 天至 1 個月的目標。控制這些目標比控制較長遠的目標容易得多。你能列出下一個星期或下一個月要做的事，完成計畫的可能性也更高（如果你的計畫是合理的話）。假如你發現計畫過大，你以後也可以修改它。過程中需要考慮的時間越小，你就越能控制每一個小目標的時間。

微型目標：15 分鐘至 1 小時

微型目標指 15 分鐘至 1 小時的目標。這些目標你是能夠實際而直接地掌握住的。儘管它產生的效果不是很強，但因為它是直接受你掌控住的，在生活中還是顯得很重要；因為只有透過實現這些微小的目標，你才有信心能實現較大的目標。

假如你的微型目標計畫得不錯，並能朝著這些目標前進，那麼你的長期目標的實現自然也就可以得到保證了。

06. 基礎工作的完善執行

什麼是不簡單？能夠把每一件簡單的事情做對千百遍，就是不簡單。什麼叫不容易？能夠把大家公認的非常容易的事情高標準地認真做好，就是不容易。

無論在工作還是生活中，都有很多看似簡單的事，但我們不應就此採用簡單的做法。我們要把它們看作是一件需要付出全部熱忱、精力和耐心的偉大事業。當你能夠把一件簡單的事情做得非常好時，你就變得很不簡單，也就是不平凡。

世界上沒有簡單的事，只有把事情簡化的人。我們總是想急功近利地做一些不簡單的事，而忽視一些看似簡單的事。其實「把簡單的招式練到極致就是不簡單」。一個優秀的人不見得就能做出不簡單的事情；一個平凡的人透過一點一滴的努力和堅持不懈地做好每一個細節，反而可能成就不簡單的事情。

就像讀書一樣，要先把書讀厚，再把書讀薄。簡單是超脫於複雜，「大道至簡」，將簡單的管理之道真正落實到企業組織流程上；真正能形成自覺的行為，都會有一個繁雜的過程。也就是說，必須化繁為簡。

簡單的事是每個人都能夠做到、做對的，但能把簡單的事做對並不難，難的是持之以恆。我們每個人都會做卻又不屑於做的事情，貫穿於整個日常生活中。其實，簡單不等於淺薄、簡陋、粗糙，簡單是深刻、豐富、本真，有豐富才有簡單，有精細才有簡約。

07. 判斷工作的輕重緩急

一個優秀的員工懂得如何把重要而緊急的事務放在第一位，控制工作節奏，防止自己變成一位「工作狂」。他們懂得如何賦權予他人，如何減少干擾，如何集中注意力，充分利用精力充沛的時間，因為他們養成了一個良好的思考習慣：做事分清輕重緩急。

把事情按照重要程度和緊急程度分為四個層次：即重要且緊急的事；重要但不緊急的事；緊急但不重要的事；不緊急也不重要的事。

重要且緊急的事情

這類事情對你來說是最重要的，而且是當務之急；有的是實現你的事業和目標的關鍵環節，有的可能和你的生活息息相關。只有合理且高效率地解決完，你才有可能順利地進行別的工作。這類事情緊急而重要，你必須盡快把它們處理好，不應拖延。

重要但不緊急的事情

這類事情不是最重要的，但是與你的長遠發展密切相關。

對這些事情的處理如何，某種程度上反映了一個人對人生目標和程序的判斷能力。因為這些事情是生活中經常會遇到的重要而又不是必須立即完成的事務。

這類事務的最大特點是沒有一定的期限，如果沒有他人催促或有其他現實因素的刺激，可能會被永遠拖延下去。

緊急但不重要的事情

可以說，每個人都會遇到這樣的事情。這一類事情表面上看起來是極要緊的，而且要立刻採取行動，但是如果客觀地來審視這些問題，我們就應把它列入次優先的順序中。

大多效率差的員工，他們每天80%的時間和精力都花在了「緊迫的事」上。也就是說，人們的習慣通常是按照事情的「緩急程度」決定行事的優先次序，而沒有衡量事情的「重要程度」。

按照這種思維，他們經常把每日待處理的事區分為以下的幾個層次：

今天「必須」做的事（即最為緊迫的事）。

今天「應該」做的事（即有點緊迫的事）。

今天「可以」做的事（即不緊迫的事）。

但在多數情況下，重要的事卻不一定緊迫。比如長遠目標的規劃等，往往因其不緊迫而被那些當下看來「必須」做的事無限期地延遲了。而優秀員工懂得做要事而不是只做急事。

既不緊急又不重要的事情

在生活中，我們會遇到很多這樣的事情——不需要即時處理，甚至不需要處理的事情。如果把精力放在這些事情上面，純粹是浪費時間。

但在實際生活中，所有的工作都既有緊急程度的不同，同時也有重要程度的不同。現實中，可以用下面的式子來解決做事的優先順序：重要性乘以緊迫性。即：

優先順序＝重要性×緊迫性

根據這兩個維度，我們可以將工作抽成四類。

- 第一類：緊急、重要的事情（位於第Ⅰ象限）
- 第二類：不緊急、重要的事情（位於第Ⅱ象限）
- 第三類：緊急、不重要的事情（位於第Ⅲ象限）
- 第四類：不緊急、不重要的事情（位於第Ⅳ象限）

緊急、重要的Ⅰ類事情：危急緊迫的問題；限期完成的會議或工作。

不緊急、重要的Ⅱ類事情：準備工作；預防措施、計畫建立、維持人際關係；尋找新機會。

緊急、不重要的Ⅲ類事情：造成干擾的訪問；臨時插入的事；電話、信件、電子郵件、報告、會議；直接而緊迫的問題；許多迫在眉睫的急事。

不緊急、不重要的Ⅳ類事情：瑣碎而忙碌的工作；某些電話；消磨時間；娛樂活動。

在現實生活中，你能分清每件事情所歸屬的象限嗎？你把大部分時間花費在哪個呢？

如果是Ⅰ，說明你總是忙於應付那些無窮無盡的急事。被一個又一個像大浪一樣向你湧來的問題，弄得焦頭爛額、狼狽不堪。你始終非常忙碌卻效率低下。長期以往，遲早有一天你會被工作擊倒、壓垮。

如果是Ⅱ，說明你有著「處理要事而不只做急事」的良好習慣，這正是優秀員工的思考方式和行為模式——把大量的時間用在重要的事情上。

這些事情雖不緊急，但它卻決定了我們的生活品質、教育程度、工作業績等。有了這個良好的習慣，你會凡事制定計畫，按時工作學習，堅持鍛鍊身體，這樣你就能避免不必要的緊張和慌亂，始終保持良好的狀態。

如果是Ⅲ，說明你的工作自主性與效率都不高。你盲目地忙於繁雜的事務，而不考慮它對你是否有益。你會發現自己的時間根本是不自由的，你已經被別人的議事日程緊緊束縛住。如果不努力改變做事方式，在生活和工作上你都將成為被動的一方。

如果是Ⅳ，說明你是一個很情緒化的人，既沒有工作效率，也沒有工作能力。你把大量的時間花費在毫無價值的事情上面，長久下來將會一事無成。

工作是要有章法的，分清事情的輕重緩急，一步步有節奏且有條有理地做事，才能達到良好結果，不應妄想一步登天。優秀員工在處理一年、一個月或一天的事情之前，總是先分清主次，再妥善安排自己的時間。

08. 今日事今日畢

人性本身是放縱、散漫的，例如對目標的堅持、時間的控制等等做得不到位，事情無法按時完成。得過且過的心態會影響工作的品質，變成一種壞習慣。

當你肆意拖延某個專案，把時間花在其他瑣事上，或者計劃「等某事發生再開始工作」時，你就為「拖延症」埋下病根。巧妙地找藉口，或有意忙其他雜事來逃避某項任務，只能使你在這種壞習慣中愈陷愈深。今日不完成，必然會累積工作量；累積就會拖延，拖延必會導致墮落和頹廢。延遲需要做的事，會浪費工作的時間，也會造成不必要的工作壓力。

任何事情如果沒有期限，就如同開了一張對未來的空頭支票。只有懂得設置期限，適當地給自己壓力，才能在一定的時間內完成你應該做的事。所以你最好制定每日的工作進度日程表，記下待辦事項，定下期限。每天都有目標，也都有結果。

人們做事拖延的原因五花八門：有些人是因為不喜歡手上的工作，也有些人則是不知道該如何下手。要養成高效率的工作習慣，首先必須找出導致辦事拖延的情境。

1. 如果是因為工作枯燥乏味，不喜歡工作內容，那麼可以視情況將歷練的機會留給下屬，或讓其他有意願的人負責。
2. 如果是因為工作量過大，難以達成，面臨看上去沒完沒了或無法完成的任務，可以將其分解成自己能處理的零散工作，並且從現在開始，一次做一點。每天完成一兩件表定事項，直到完成目標。
3. 如果工作難以立竿見影，無法短期之內取得結果或效益，那麼就設立「微型」業績。我們很難激勵自己去做一項幾周或幾個月都看不到結果的專案，但可以建立一些臨時性的成就點，以獲得你所需要的滿足感。

4. 如果是工作受阻，不知從何下手，那麼可以先憑當下的主觀判斷開始著手進行。比如你不知是否需要將某個專案分解成多個子項目再進行，但你可以先假設專案有特定的總體目標，在定下子項目的目標並使其與總目標相關後，馬上開始工作。如果這種方法行不通，你會很快地意識到並進行必要的修改。

09. 主動掌控工作節奏

學習調整情緒狀態

隨著工作步調日益加快，得失之間帶來的心理衝擊也變得鮮明無比，情緒的變化常讓自己搞得頭昏腦脹，若不調整心態，就有可能落入憂鬱的惡性循環中。在自己情緒不佳時，你可以透過各種方法來排解，暫時告別工作中的壓力，放鬆一下，不僅能讓自己重拾生活的樂趣，也能為再次做好工作鼓足幹勁。

努力讓環境「新鮮」

陌生的工作環境讓人感到好奇、興奮、新鮮，對任何事情都躍躍欲試，但在逐漸熟悉工作環境之後，這些心態漸漸遠去，感受到的更多是謹慎、見怪不怪、制式化地完成任務。長此以往，對工作的積極性自然下降。為此，你可以想辦法為自己營造各種「陌生」環境，永遠留存自己的新鮮感。

合理調配「自我」

善於安排個人精力的人總是感覺到生活是輕鬆的，工作是愉快的。為了達到這種境界，你應該計劃好所有工作，並在規定的時間內完成。工作結束後，要充分利用自己的閒暇時間，切忌將工作帶回家做。對於個人的工作進展應該定期「標記」，以便讓自己明白，目前已經完成了什麼，還有哪些沒有完成；沒有完成的任務，應該規劃好期限，並在日常生活中合理分配自己的精力，從而使工作、學習、生活、娛樂盡量平衡，自我提升，達成良性循環。

找出壓力的根源

工作中的壓力是每個人都會有的，但最重要的一點是你能否適應這份工作。如果能適應的話，那麼工作中的壓力就是自己進步的動力，你能從容以對，從而找出壓力的根源所在。雖然壓力的來源很多，但重點仍是自己要永遠有顆自信的心！

好同事是最好的「減壓」醫生

在工作中難免會遇到各式各樣的煩惱，每當你遇到類似的問題，並因此而產生壓力時，你可以找要好的同事傾訴、討論。身處同樣的職場，同事往往最能客觀地「對症下藥」。

10. 最大化地發揮內在潛力

一個人的智慧屬於內在潛能，體力屬於外在潛能。內因影響外因，外因也要依靠內因才能充分發揮作用。唯有盡可能地激發你的內在潛能，才能有所成功，有所建樹。

潛能是自己體內還沒有徹底開發的各種爆發力，所有成功的主因都是充分利用了內在和外在的巨大潛力。

如何激發內在潛能？簡單說來，就是充分發揮、運用自己的才能，不斷磨練，使之達到更高的水準。

人的天賦其實相差不大。有的人之所以能夠成長為卓越而不凡的人才，是因為他「經過了錘鍊」。鐵可百鍊成鋼，人可百鍊成才。

激發內在潛能，具體講，可從以下幾個方面著手：

苦心學習並掌握知識，使之系統化

才能和智力並不是不可捉摸的東西，它是在掌握知識的過程中形成的，同時又表現在掌握知識的過程中。不學習知識，卻想去追求什麼才能、智力，是不可能的。對青年員工來講，首要的是紮扎實實地學習。

養成勤思的習慣

大凡著名的成功人士都是思想上的勤奮者。牛頓說：「思索，繼續不斷地思索，就可以漸漸地見到光明……如果說我對世界有貢獻的話，那不是因為別的，僅僅是因為我辛勤耐心的思索所致。」常用的鑰匙總是發亮，勤思的頭腦總是多智的。激發內在潛能，必須使大腦經常保持在有彈性的積極思維狀態之中。

在實踐中勇於創新和創造

實踐出真知，實踐出智慧。任何人的能力、才能都是在實踐中增長起來的。

身為員工不僅要繼承，而且要勇於創新、創造。創新、創造是具有更深一層意義的實踐，所以也更艱鉅。完成任務和工作的艱鉅，猶如高溫的熔爐，經過火的洗禮，才能使鋼鐵更加堅韌。創造力是人類才能的最佳展現，充分發揮創造力，也是充分激發內在潛能的最佳途徑。

11. 喚醒單調工作中的創意

創意可以「活化」每個人的思維和才智，從而啟動自身所有的能量。在日常生活中，每個人都習慣投石問路，人生中或難或易、或明或暗、或悲或喜，彷彿不停地穿梭在一個個「陷阱」之間；因此用創意有效地點燃人生的火花，成為維持生活的夢想和方式。誰若抓住創意，誰就會成為贏家；誰若拒絕創意，誰就淪於平庸！也就是說，創意絕對能使你的人生更閃亮！

生活中的創意，就像為菜餚調味。

在現代人紛繁忙碌的生活中，創意是最獨特也是最有效的一種調劑。發揮創意，甚至可能幫助你找到一份理想工作 —— 工作通常被認為是人生的起點。

人生充滿許多盲點，盲點會帶來可怕的失誤。其中最顯著也最常發生的就是「工作上的失誤」，因為工作是每個人生存的方式。世界上有多少人在為爭取工作而絞盡腦汁，奮鬥打拚。也就是說，人生最重要的是克服工作上的盲點，憑創意解決工作上的失誤。

職業的多樣性，為每個求職的人提供了可能。假如你認為只有某一行適合自己，這個觀點肯定是錯誤的，因為這樣的想法缺乏創新和突破自我的勇氣，僅僅是一種不願努力改變自身被動狀態的懶惰心態而已。現代人想改變人生的最佳方法就是把智慧用在工作的創意中，力戒「只有某些特定工作適合自己」的觀點。用不同的工作挑戰自我，真正做到創新與多元發展！

只有具備創新的勇氣，你的職涯才會多采多姿。

12. 融合工作與興趣

快樂工作是一個人職場生活的最高境界。常常對於工作感到不滿的人，不管他再怎麼努力，都不會有優越的表現。許多事實說明：大多數人的失敗，都是因為不適應自己的工作。想達到「快樂工作」，有以下方式：

興趣與職業合而為一

興趣，通常表現為一個人力求了解、掌握某種事物，並經常參與該種活動。

人們對某種職業感興趣，進而會對該種職業表現出肯定的態度，在工作中表現積極主動，開拓進取，努力工作，有助於事業成功。反之，強迫自己做不願意做的工作，對精力、才能都是一種浪費。

一個人的興趣愛好通常有很多。一般說來，興趣愛好廣泛的人，選擇職業時的自由度就大一些，他們更能適應各種不同職位的工作。廣泛的興趣可以促使人們注意和接觸多方面的事物，為自己選擇職業時創造更多有利於特長與職業合而為一的條件。在職業選擇時，還要格外注意並想清楚，你最想做、最有可能做好的是什麼工作。所以，要想獲得事業上的成功，還要留意並探索你的特長。

特長與職業合而為一

論人的智慧，通常是多元能力的總體組合。除了言語——語言智力和邏輯——數理智力兩種基本能力以外，還有視覺——空間概念、音樂——節奏能力、身體——運動素養、自我認知能力等等。因此，我們應該靜下來衡量一下自己，仔細找一找個人的特長。

社會上任何職業對求職者的能力都有一定的要求。如對會計、出納、統計等職業，這些人必須有較強的計算能力；對於工程、建築及室內設計等職業要求具備基本的空間概念；對於飛行員、外科醫生、運動員、舞蹈演員等職業的工作者則要具備手眼協調能力。在選擇職業時不應好高騖遠或單從興趣愛好出發，要實事求是地檢測一下自己的知識水準和專業技能，這樣才能找到有「用武之地」的合適工作。

性格與職業合而為一

心理學家把性格分為多種類別。不同性格類別的人在生活和工作中會表現出不同的心理傾向和行為方式。

性格本身並無好壞之分，每種性格都有積極和消極的一面，部分人比較適合一些講究做出迅速、靈活反應的工作，有一部分人比較適合做重視細節的工作。性格有時是影響人們選擇職業的重要因素之一，不同職業對人的性格也有特定的要求，如醫護人員要求耐心、細心，飛行員要求機警靈敏、能保持專注等特點。

性格具有相對來說是具先天性和穩定性的，但也可以後天鍛鍊改造，況且純粹屬於某一特定性格的人很少，大多數人都是以一種為主，其他幾種性格兼具。在選擇職業時謹記揚長避短即可。

思考方式與職業合而為一

有些工作更適合某些具特定思考方式的人。與性格相同，思考方式沒有一定的優劣之分，只是對於某些工作來說，具備這一職業所注重的思考方式，會讓你更快熟悉、上手這份工作。

傳統型的人在行政類別的職業中最為常見。這一類人易於組織、團結起來，喜歡和數據及圖表等資料打交道，喜歡明確的工作目標，無法接受模稜兩可的狀態。

藝術型的人喜歡選擇音樂、藝術、文學、戲劇等方面的職業。他們往往富有想像力、直覺強、易衝動、好內省、有主見。

現實主義型的人真誠坦率、較穩定、講求實利、害羞、缺乏洞察力、容易服從。他們一般具有機械、科學方面的技能，樂於從事半技術性的或技術性的職業（維修工人、流水線工作等），這類職業的特點是有連續性的任務需要，卻很少有社會性的需求，如談判和說服他人等。

社會型的人喜歡為他人提供資訊，幫助他人，喜歡在秩序井然、制度化的工作環境中發展人際關係。社會型的人適於從事護理、教學、市場行銷、銷售、培訓與開發等工作。

創新型的人喜歡領導和掌控別人（而不是去幫助別人），其目的是為了達到特定的團隊目標。這種類別的人自信、有雄心、精力充沛、健談。

調查研究型的人為了知識的開發與理解而樂於從事現象的觀察與分析工作。生物學家、社會學家、數學家多屬於這種類別。

13. 學會快樂工作的技巧

工作不快樂是很多因素造成的。當你開始對自己的工作感到煩躁、憂慮的時候，可試著用下列方法調適。

採取行動

當在團隊中發生問題時，問問自己可以做些什麼、自己有什麼選擇，可以主動和主管溝通發生了什麼問題，應該如何解決等。這個方法永遠是優先策略，也是改善問題的根本方法。

調整心態

如果上述方法無法解決，應該考慮調整自己的心態，樂觀面對。

抒發情緒

可以找朋友、親人傾訴，把情緒抒發出來，情緒管理就像大禹治水一樣，最好要適時疏導。

散心調劑

平時培養一些興趣、嗜好，讓你在閒暇時暫時轉移注意力。這是紓解壓力的好辦法之一。

發現意義

很多人是因為覺得工作失去意義，找不到工作的成就感。那就必須好好地問自己，到底自己想要追求的是什麼？這個工作對你的意義究竟為何？如果你連一點意義都想不到，就真的該考慮換工作了。

增強體能

所有的心理健康其實都是以身體健康為基礎的，一個人假如能夠生活作息正常、適當運動，就會精力充沛、心靈健康。

14. 提升工作樂趣的策略

企業員工的工作「快樂指數」越高，企業生命力就越強，凝聚力也越深厚。那麼如何提升工作快樂指數，克服職業倦怠感呢？

職場中的工作倦怠，不外乎精神、生理、物質上失去了成就感、價值感，從而導致心力交瘁、厭倦、疲憊。當某個人職業成就達到一定高度時，物質激勵已經無法讓其擁有足夠的工作快樂感和滿足感，這類人在職場中更在乎自己能為社會創造多少價值；另一類人因為預期的目標沒有實現，而失去信心，產生厭倦感，導致離職，然而離職後也未必能為自己的下一份工作帶來多少快樂。

要想讓自己快樂工作，並發揮最佳狀態，就要調整目前的心態或作息。

順暢溝通

工作中出現意見分歧、發生問題都在所難免，主動溝通讓我們能夠增進同事之間的感情和默契，面對困難時可齊心協力、共同解決。快樂來自於彼此理解和尊重，良好的溝通能讓我們更快樂！

樂觀心態

心態平和的人容易獲得滿足，心態樂觀的人更容易感受到快樂。減少因工作帶來的厭倦和疲憊，我們需要做的就是改變自己對工作的態度，如「事情太多」、「薪資太低」、「天天都做這些事沒意思」等等，我們應該使自己的念頭專注在工作帶給我們的好處，如「跟同事都很熟，做事很容易上手」、「這份工作讓我累積了很多經驗」等。

情緒發洩

工作中出現的負面情緒可能導致職業發展的停滯不前，適時的疏導、發洩出來，避免累積過多導致情緒一次爆發出來。

壓力緩解

工作帶給人成就、自我價值感的同時，也帶來了沉重的壓力。這種壓力深深地束縛人們的工作熱情，「化壓力為動力」只是少數人的成功經歷。適當的娛樂有助於緩解壓力，使生活多一些輕鬆和愉悅，從而轉移壓力帶來的負面影響。

存在價值

長期、單一的職業讓許多人認為自己的工作沒有價值、沒有意義。這時，你該反問自己工作是為了什麼？自己在工作中追求的到底是什麼？自己的潛力為何？自己真正的興趣是什麼？如果你的需求已經超出了目前職業所能賦予的，那麼就該另謀高就了。

健康是人生的本錢

身體健康讓人充滿活力，心理健康讓人積極向上，工作中出現的狀態跟這兩種健康密不可分。

15. 靈活調整工作步調

這似乎是個上班族普遍勞心勞力的年代，想要保持最好的工作品質，最好要學習怎樣調整自己的步伐，免得被過多的工作打敗！

忙碌時，必先專注於少數的「大事」

下定決心，應該把有限的時間，用在效益最高的事情上。如果同時有幾件事要應付，先專注於「效果最大」，或「最緊急」的那件來做。

學會「拖延」不重要的事

很多不重要的事，需要有技巧地去迴避，甚至拖延。例如在上班時間，與同事談完工作上的事即可。至於寒暄、交流，就可以等到午休時間或下班後再說了。

學會利用工作中的空檔

學會同時做不同的事情，或者利用空檔打電話、列印需要的檔案，都可以替你創造出更多的時間。

懂得說不

當同事帶著友好的微笑請你「幫個忙」，有時基於同事之間的道義，當然可以多多協助。但是聰明的你，有時也要學會說「不」，推掉一些事，免得幫了別人，卻搞砸了自己的工作。

懂得搬救兵

別以為能幹的人都「事必躬親」！在工作中，碰到自己太忙，或自己處理反而沒有效率等狀況，都是尋求外援的好時機。如果是公司內部理應給予支持的情況，就不要客氣，儘管向主管提出要求。

給自己一點獎賞

你可以在工作中為自己設立幾個里程碑，每忙到一個段落，就給自己一點獎勵。適時獎勵自己，可以讓自己更有效率地再出發。

要盡量讓身體狀況保持在最佳狀態

職場生涯是長長久久的，健康的身體才是根本。千萬不要為了工作而忽略了運動與健康飲食。別讓病痛耽誤了你的職涯發展。

適當放自己一馬

或許你偶爾會有「馬失前蹄」的狀況，無論再怎麼小心，工作時還是不免「忙中有錯」。那該怎麼辦呢？基本上，如果這個錯能夠補救，就努力去彌補；萬一不行，我們也要學習不放在心上，適當放自己一馬，使心靈歸於平靜。

不要累積過多的挫折感，最後自己打敗自己！儘管想要爭取更多的機會是積極向上的表現，也要注意的是：除了接手的工作數量，能否完成更重要！還有，再怎麼積極，也得評估自己的體力及時間，這樣可以避免忙中有錯。萬一還是出了些無傷大雅的差錯，那就大度地原諒自己吧！

16. 快樂工作的每日實踐法

每個人都希望有一個快樂的工作日，希望能順利地完成工作；如果你能夠為你的工作提前做好準備，就能夠擁有一個快樂的工作日。

下面有十個方法能幫助你擁有更加快樂的工作日。

吃早餐

如果你忽略了早餐的話，那你在早晨就無法達到最佳的工作狀態，你會因飢餓而一直期盼著午餐時間的到來，而且在工作期間容易昏昏欲睡。最好是為了更高的工作效率吃點東西，以保證一天有個順利的開端。

擁有充足的陽光

早晨的陽光能夠喚醒你睡醒後懶散的身體和大腦。起床後到戶外走走是很不錯的方法。

做一些有氧運動

在你曬太陽的時候，充分利用燦爛的陽光好好地散步一下或者慢跑一會兒。運動能減緩壓力，讓你的血液循環更好，整個人精神也會更振奮。

在早上 10 點前不要做與工作無關的事

在早上 10 點前檢視電子郵件或者是接電話，這些瑣碎小事會分去時間和注意力，而此時你真正的工作目標就會很容易地被擱置在一邊甚至拋諸腦後。如果你能將那些不重要的事情放到早上 10 點或者是 10 ： 30 過後再去處理的話，你就能抓緊時間及時完成那些重要的任務。

保持積極的想法，而非一味消沉

這也許看起來很簡單，但是許多人卻無法做到這點，不要一直想著事情最糟糕的一面，試著看看事情積極的那一面。問問你自己「現在的處境對我有什麼好處？」「我能從現在的處境中獲得什麼，我可以從中學到什麼？」這都是一些你在逆境中可以問自己的好問題，它們可以幫助你擺脫逆境。

注意休息時間

如果你工作時間太長的話，效率就不會高，因為這時候的你很容易感到疲倦和沮喪。所以每過 30 ～ 45 分鐘，讓自己休息 5 分鐘。離開你的辦公桌，停止你正在進行的工作，讓你自己休息一下。你會發現你回來的時候，有更多好的想法湧現在腦中，精力也更充沛了。

中午的時候散散步

在午飯後散散步（即便只有短暫的十分鐘）也會讓你整個中午精力充沛許多。當別人還坐在那裡消化午餐的時候，你已經恢復充沛的精力了。

避免閒聊

將你一天時間耗費掉的事情就是閒聊。也許閒聊是一件很有趣的事情，它可以讓你了解一些你的同事或者是主管的趣事。但是閒聊總歸是一件對工作幫助不大的事情，這種無聊的事情會耗費你很多的時間。

每天列出幾個目標，將其中的 3 項作為你的目標

列出要做的事情是一個好習慣。但要避免羅列太多，挑選最重要、迫切需要解決的 3 項作為目標是最好的方法。

對別人的「緊迫」請求不要做出過快的反應

當別人向你求助，要你幫助他們完成一項任務或者是有一些緊急狀況需要你幫助的時候，你要學會說「你最晚需要在什麼時候完成這些事情？」「你什麼時候需要完成這些事情？」然後再視情況安排當日行程。問過這些問題後，許多人都會發現原來事情並不是真的那麼緊急，可以改日再完成。透過這個方法，你才不會手忙腳亂。

17. 探索更輕鬆的工作方法

夢想少一點，計畫多一點

從工作形式到工作環境，考慮清楚有關自己理想職業的每一件事，然後確定自己所追求職業的能力要求和目的。

具體方法是，可把所追求的理想職業規劃成盡可能短的各階段目標。

自由地分配時間

想像自己是個自由的人，然後合理地分配你的時間，以求不僅滿足客戶所需，而且還有充足的時間多方面提升自己。

工作娛樂兩不誤

有些人只知道拚命工作，一開始只有一兩天晚上加班，不久便是一整個星期都在加班，最後甚至連周末也成了工作時間。

這樣一來，工作霸占了他全部的光陰。這類人除了工作，幾乎沒有任何社交活動，長此以往，不免會對工作萌生反感。

尋找工作外的成功

把自己的愛好和休閒活動當作本職一樣認真對待，並同樣引以為豪。如果你在工作之外還有其他令你驕傲的事情，那麼你在工作中受挫時，就更容易維持自信積極的心態。

改變待人的態度

倘若與周遭同事處得不好，也許會讓你每天早上一想到要上班就感到不自在。就算你不喜歡跟他們一起工作，至少要和他們和平共處。以禮相待是做人的基本原則。想要與平日不理不睬的人在一夕之間變得親近是不可能的，但若你真誠地去改善關係，你的同事遲早會感受到你的努力。若你不知道該如何表達善意，試著在電梯裡碰到同事時笑著打招呼，相信別人也會報以微笑；在辦公室也是如此。假如你用更積極的方式與人溝通，談些你喜歡的事，也許你會找到與同事的某些共同點。

總之，找到輕鬆工作的方法不僅可以提高效率，還能使自己保持快樂的心情。

18. 工作壓力轉化為動力

壓力會將你擊垮，卻也能讓你重新振作，關鍵在於你如何看待和排解壓力。

遇到壓力時，如果處理不當，當然會傷害到自己；但若能「借力使力」，也許可以走得比先前還遠。要準確處理壓力可能不容易，不過只要用對方法，也非絕不可能辦到。

某方面來說，碰到壓力也許是值得高興的事情。若少了這些壓力的磨練，人生的境界就無法得到進一步的提升——即便有些壓力實在讓人難受。

排解壓力時，首先你要保持冷靜，盡量沉著應對。如果你無法以理性的態度從容應對，就無法有效處理它。通常我們遇到壓力時總是急躁不安，總是想著這些壓力必須立刻解決，必須馬上採取某些行動。

然而，當你心慌意亂時，想要找出正確答案是不太可能的。唯有平靜下來，才能真正地面對壓力，這才是理性的選擇。

成功人士的成功方法之一，就是在心態平靜的前提下，充分發揮超常膽識，採取下面的步驟，將壓力轉變為動力。

1. 要意識到某些壓力是有益處的，它能提供行動的動力。例如，如果沒有來自支付生活費用的壓力，某些人是不會工作的。
2. 充分意識到造成壓力的問題有時拖久了，將使狀況更加麻煩、棘手。
3. 越早辨明壓力的徵兆越好。壓力將引發許多疾病，諸如癌症、關節炎、心臟和呼吸器官的疾病、偏頭痛、過敏，以及其他心理和生理上的負擔。其他壓力症狀有：肌肉痙攣，肩、背、頸痠痛，失眠，疲勞，倦怠，沮喪，情緒低落，反應遲鈍，對任何事都提不起勁，飲酒過多，攝食過多或過少，腹瀉，痛經，便祕，心悸，恐懼，煩躁。

4. 認真分析、辨明癥結所在。不管是什麼導致了壓力，只有找出它的原因，才能對症下藥。
5. 尋找切實可行的手段。變壓力為動力的出發點是減輕「負擔」。其中一種切實可行的手段就是：寫下你所看重的和你所背負的責任，然後分出輕重緩急，徹底放下那些不重要的。

每個人都有自己的局限，應了解、接受你自己的「有限」，並且在達到你的極限之前停下來。

對於壓力所帶來的被壓抑的感受，找你所信賴的朋友或諮商師訴說你的感受，減少你的負面情緒，這有益於你客觀、冷靜地思考和解決問題。而，如果你對某人懷有怨恨，應即時溝通、解決問題。

另外，也要花一些時間在休息和娛樂上。

注意你的飲食習慣。當我們有壓力時，我們常趨向於暴飲暴食，尤其是多吃了一些只會使壓力增加的、無利於營養的食物。均衡地攝取蛋白質、維他命、纖維素，有利於排除咖啡因、多餘的脂肪、酒精和菸鹼，這是減輕壓力和其他負面影響所必需的。

多多訓練體能，不僅能使你更健康，而且有利於代謝掉體內的老廢物質，減少引發壓力的誘因和伴隨而來的焦慮。

轉變壓力為動力的最根本的答案是：堅定的信念。只要能永遠保持良好的心態，堅信自己能夠戰勝成功之路上的一切困難，那麼你在個人職涯中將能永遠平安順遂。

19. 行動與工作效率的關聯

《英國十大首富成功祕訣》一書曾指出：「如果將他們的成功歸因於深思熟慮的能力和高瞻遠矚的思考，那就稍嫌片面了。他們真正的才能在於他們審時度勢後付諸行動的速度，這才是使他們出類拔萃且居於業界最高職位的原因。什麼事一旦決定了就馬上付諸實行是他們的共同特質，『現在就做，馬上行動』是他們的常說的一句話。」

迅速行動是一個員工在公司中得以表現突出的必備素養。只有立即行動的人才能夠抓住轉瞬即逝的機會，也只有立即開始的人才能很快地將自己的想法付諸行動，從而將自己的理想變為真正的現實。

在工作中，身為員工肯定會面臨很多艱難任務或者挑戰。面對這些難題，每個人的心裡肯定會冒出很多想法：害怕失敗，害怕經驗不足。尤其當你是職場中的菜鳥，這樣的恐懼會更容易產生。但，在面對這一切的時候，必須拋棄所有恐懼和疑慮，立即動手去做。立即行動正是獲得結果的第一步。

面對無數的計畫和任務，如何取得主動權將是工作是否成功、是否能獲得同事與上級主管的敬意與賞識的最重要的一環。與其不停抱怨、想東想西，不如將時間花費在積極行動上。

曾有管理學家如此評價：「面對任務，只要想著沒有任何任務是不可能完成的，也沒有哪些是特別可怕的。你需要的僅僅是立刻行動起來，這才是你最應該去做的。因為它將使你獲得先機與繼續前進的動力。」

在現代社會中，如何獲得先機是一個非常重要的一環。當一個公司、一個員工，乃至團隊面臨挑戰的時候，最重要的就是如何不去無謂地浪費寶貴的時間，而是立即行動起來。行動才有效益，而行動的快慢會決定工作效率的高低。

碰到困難，不要再猶豫，立即行動！

第三章

知識素養的高效培養

一個人能憑自己的經驗得出結論當然很好，但這樣比較浪費時間；如果能將書本知識和實際工作結合起來，那才是最好的。

—— 李嘉誠

01. 提升工作知識素養的途徑

職業素養對於每一個人來說，都是十分重要的。若論何謂良好的職業素養，當中涵蓋的範圍和內容其實很廣。要想快樂地工作，在綜合素養方面，一是要具備職業道德，對自己的工作所擔負的社會責任有所了解；二是要具備良好的敬業精神，熱愛神聖而平凡的事業；三是要具備健康的精神狀態和高昂的工作熱情，時刻牢記所肩負的職責；四是要具備遵守各項紀律與制度的自覺性；五是要具備良好的業務知識和專業技能，熟練地處理實際工作中的所有問題。任何人只要具備了以上素養，就一定能把工作做好，也一定能在工作中找到快樂。

唯有把工作當成一種樂趣，才能享受生活，人也才會快樂；若只把工作當成一種義務，生活對你來說等同苦役，自然不可能快樂。

心靈健康，才有快樂的人生；持續勤奮地工作，才有精彩的生活。

02. 成為學習型員工的策略

曾有管理學專家這樣說道：「很長一段時間以來，企業的主要目標一直以生產出產品或提供服務賺取利潤，但現在，企業更緊迫、更主要的任務就是要成為高效率的學習型企業。這並不是說產品、利潤就不再重要，而是在未來社會，如果沒有持續的學習，企業將不可能賺到任何利潤。企業的主要工作是學習，其他工作的順序得往後排。」

「企業的主要工作是學習」，就是要把工作過程看作是學習過程，透過工作過程中的「反思」來學習。在發現問題時，主動承擔自己的責任，認真總結經驗，學到教訓，而不是互相埋怨、推諉。

智慧並不與我們經歷過的事情多寡成正比，而是與我們的反思和領悟程度成正比。反思是最重要的學習，也是學習的基礎。我們開展每一項工作前首先要擬定計畫；傳統企業在計劃後馬上行動，而學習型企業強調計劃過程中，同時也反思計畫內容，以此修正計畫中不妥的地方，執行過程中也少不了反思的環節。接下來是書面化，將反思所得寫成文字，目的在於共享，使共享以後的決策是最高水準、更高層次的。這就是工作學習的過程。

學習與工作不可分割，應該邊學習邊準備、邊學習邊計劃、邊學習邊推行。優秀員工的學習更是這樣。

學習知識的目的是為了應用，優秀員工的學習不再像學生時代那樣單只為了儲備知識，而是為了更好地工作。學習是和工作緊密連繫在一起的。「從做中學」，展現的是獨立自主、自覺主動的學習行為。優秀員工善於從工作中洞察和發現新知識、新技能，了解專業知識和技能發展的新趨勢，並且能根據工作的實際需要，學習、掌握和吸收新知。優秀員工與普通員工的區別在於他具有很強的學以致用的能力，他們可以將所學知識，正確運用到工作中，發揮最大的學習效果，取得顯著的工作業績。

優秀員工與企業具有共同的願景和價值觀，認為企業的發展與個人的發展息息相關，不只將工作視為賺取收入的手段，而是將工作看成是人生中有意義的事，視工作為實現自己人生價值的途徑，將事業的成功看成是自己最大的滿足，因此優秀員工在工作中具有極強的主動性與獨立性。他們熱愛自己的工作，並期望工作能使自己的人生有所發展，故他們時時在工作中學習。

我們常講的「批評與自我批評」（善意的），我們經常寫的日（週、月、季度、年或專案）工作總結或事後分析報告，都是對工作的反思，都是一種學習。

有些企業一出現問題，部門之間互相踢皮球，同事之間產生矛盾，你怨我，我怨你，這顯然無助於提升學習力。出了問題，要各自反思，這個部門要反思自己哪裡沒有做好，那個部門要反思是否支援得不夠，另個部門也應反思哪裡配合不力，怎麼調整自己？

在「學習中工作」又傳達出什麼概念呢？在學習中工作，就是學習和工作應一視同仁，把學習視為工作中必要的環節之一。

正如奇異的傳奇 CEO 傑克 · 威爾許（Jack Welch）在一次年度報告中說的，「一個企業能不斷地快速把學習轉換成行動的做法，是它最終的競爭優勢。」因此，在一個快速變化的世界裡，唯有學習可以對種種變化作出最及時、最全面的反應。學習的速度至關重要！

當代管理大師 —— 美國的彼得 · 聖吉（Peter M. Senge）在他的巨作《第五項修煉》（*The Fifth Discipline*）扉頁上的那句擲地有聲之言令人難以忘懷，「未來唯一持久的優勢，是有能力比你的競爭對手學習得更快更好」。比你的競爭對手學得更快更好，才能在變化激烈的市場競爭中獲得生存和發展。

過去（工業時代）的許多企業存在兩種分離，從整體角度看，是工作與學習的分離；從個人角度看，是工作與知識的分離。工作與學習的分離導致企業績效無法因學習帶來改善；工作與知識的分離則妨礙了個人的成長與發展。新的學習理念告訴我們，學習與工作是融為一體的。透過學習，企業將廣大員工的價值觀、品格、知識結構等方面的素養引導與企業發展相對應，呼應市場變化，方能取得成效。

傳統教育的「塑造理論」，最大的弊端在於忽視，甚至是抑制和扼殺人的創新精神、漠視人的主體性。要培養具有創新精神和創新能力的人才，最重要的是培養他們的學習能力和思考能力，因為創新的基礎是學習和繼承前人的成果，而想登上創新的階梯則要靠思維和實踐。靠死記硬背而成為「百科全書」型的人才，不一定就有創新能力。當然，缺乏基礎知識，沉迷於「異想天開」，也不見得有創新的成果。唯有善於透過學習繼承前人學識，又善於透過學習培養新的能力，才能真正成為創新型人才。也就是說，只有創新性地學習，才能有望學習後的創新。

知識的累積、環境的適應、創新的起點與應變的能力都來自學習。企業不再只是一個僱傭人們的團體，而是一個讓人們終身學習的組織。只有透過學習才能善於尋找、轉換及創造知識，同時根據新的知識與領悟調整行為，使企業永續經營。

03. 掌握學習型員工的特點

學習型員工注重學習，而有些企業卻只看重學歷。學歷本身代表著一個人在某一階段參加學習後具備了一定的知識；然而，學習卻是一個終身行為。員工透過一段時間的學習有了學歷，但如果就此停滯不前、故步自封，不再接受新知識、新技術，仍然有可能被淘汰。一個企業同樣如此，只有不斷創新、不斷完善自己，才有可能應付市場變化，否則就有可能被無情地淘汰出局。

身為一名學習型員工，應該具有以下幾個特點：

1. 要有終身學習的意識，並能長期不懈地堅持下去。
2. 要善於學習。要不斷擴充自己的知識領域，善於結合實際經驗，抓重點、得要領。從本公司、本部門的實際問題出發，帶著針對性和疑問去學習，並運用所學解決實際問題，才可能有成果。不應盲目地學，畢竟人的精力有限，需要學的東西又太多。
3. 要有實作精神。學習型員工不僅要有理論知識，更要精通業務，具備一定的實際操作能力，行動果斷，自覺發揮好職場模範的作用，拋磚引玉，影響周圍的人都來學習技術、學習實作。

04. 提升業務素養的重要性

學無止境！

這不僅對學生如此，對每個員工亦然。學習不是一天兩天，或只是人生某一階段的事，而應該是貫穿人一生的事情！

剛出社會的新鮮人就好比是野生花草剛被移進花圃，求知學習好比是修剪移栽；而修剪是一個長期的，不間斷的過程。花草如果長時間不修剪，就會變得雜枝橫陳，如同一個人如果長時間不學習，大腦就會變得遲鈍，原有知識漸漸落伍，原先的優勢也將蕩然無存！

據說微軟科技公司在錄用員工的時候，更注重員工的其他綜合能力而不只是文憑。新員工剛入公司，首先被告知的就是：在微軟，文憑唯一能代表的就是你前三個月的基本薪資。

學習能增加我們的智慧，能更好地呼應職場飛速發展的趨勢。但是，我們需要了解到，自己賴以生存的知識、技能會隨著歲月流逝而漸漸折舊。在風雲變幻的職場中，腳步遲緩的、不願繼續汲取知識的人瞬間就會被甩到後頭。

面對不斷發展、更新的知識，若你無法與時俱進，無法持續學習和提高自身的工作技能，自然也就跟不上職場的發展需求。企業中的員工，即使是具有表率作用的模範員工，也必須積極主動地吸收新知。在資訊爆炸的知識經濟時代，必須廣泛接收來自各個領域的資訊和知識，只有這樣，才能拓寬你的視野，使你的職涯更具發展前景。

說到底，學習能力就是一種工作能力。一個不善於學習的人，或者說一個不知道自己該學習什麼的人，工作能力往往也很糟糕。

當代職場中，不管你從事的是哪種行業，缺乏知識是愚蠢且可怕的，不繼續加強和深化專業技能更是可悲的。這意味著你喪失繼續前進的動力，意味著你很難理性地分析和理解周圍不斷發展的事物，也意味著你將失去人生方向，逐漸被更多掌握新知和擁有新技能的人才取代。

有個故事是這樣的：一家汽車修理廠的汽修工人都是從偏鄉來的一些年輕人，平常大家工作之餘就在一起喝酒聊天。一天，他們當中來了個新員工，他除了正常地完成工作以外，還總是把時間耗在幾輛練習用車裡，東拆拆西動動；而大家出去玩樂放鬆的時候他卻無動於衷。幾個老員工都私下叫他「傻子」。

「別忙了，年輕人。難道你還想自己開公司造這個？」其中一個老員工開玩笑似地勸他道。

「傻子」只是笑笑，沒有說什麼。不到兩個月，「傻子」已經完全掌握了關於汽車維修的所有知識，被擢升為經理，薪水是其他人的好幾倍。

但「傻子」並沒有就此滿足，而是繼續學習汽車製造的其他知識，除了自學外語，每個月還自費去企業總部參加培訓。

又過了半年，「傻子」成為了總公司家用汽車生產設計部門的主管；兩年以後「傻子」自己的公司上市，並很快取得成功。

是什麼讓一個資質平庸的人從汽修工人成為優秀的企業家？是不間斷的學習！

學歷只代表過去，而學習可以代表將來。一個優秀的模範員工，必定是一個善於學習的員工。

淵博的知識有助於我們提高競爭力，但是求知卻沒有坦途可走。因此，必須日積月累，勤奮求索。

05. 職業素養：高效率工作的基石

簡單地說，職業素養是勞方對職業在社會中的了解，以及適應能力的一種綜合展現，其主要表現在職業興趣、職業能力、職業個性及職業情況等方面。影響和決定職業素養的因素很多，主要包括：教育程度、實踐經驗、社會環境、工作經歷以及自身的一些基本情況（如身體狀況等）。一般說來，勞方能否順利就業並取得成就，在一定程度上取決於本人的職業素養。職業素養越高的人，獲得成功的機會就越多。

職業素養是人們就業的基本條件，但是怎麼樣了解自己的職業素養呢？辦法有很多，歸納起來，主要有三種：

接受就業指導

就業指導是就業服務機構針對勞方求職、公司應徵過程中的問題，為勞方、獵頭公司提供心理分析、擇業技巧、心態調整、技能測試、供求趨勢分析、職業設計、用人計畫等幫助的行為。

就業指導的服務對象，一是勞方（包括符合勞動年齡內的求職者、各類學校學生）；二是獵頭公司。

就業指導內容主要有：勞動力市場供需分析指導、勞動就業法律、法規、政策指導、求職者素養、職業能力測驗、求職者職業設計、求職技巧指導以及公司用人指導等。

職業指導方式包括：「一對一」諮詢面談、成功求職策略培訓、追蹤指導、座談會等。

職業素養測驗

部分就業服務機構開設了「職業素養測驗」的服務，求職者可在那裡獲得相關服務。

自我測驗

勞動者可以透過填答「職業素養」自測問卷的方式，判斷了解自身的職業素養狀況。

06. 有針對性的學習策略

人一生不了解的知識浩如煙海，全部掌握是不可能的，過分貪多只會難以消化，造成本想事事精通，最後卻事事稀鬆的局面。所以，在學習的過程中就需要有所取捨，針對性地學習某一部分，或者某一方面，從而達到精通的地步。

一個人之所以出色，不是因為他懂得多，而是他掌握了最有用的東西！

現在的企業內部競爭激烈，尤其是在世界500強這類的優秀企業當中，每個人都是優秀的人才，人人都在努力學習。想要在這些能力強，競爭力高的人們當中成為眾人矚目的明星，難度可想而知！

即使有超出常人的天賦和努力，想要在眾多的優秀人物中超越所有人，可能性幾乎是微乎其微。

那麼怎樣才能使自己更突出呢？那就是針對自己的強項進一步學習，並在這一方面做到最好。

現代企業最需要的是專業人才，只要你有某一方面格外出色，就一定能獲得更大的競爭優勢。

史蒂夫·巴爾默（Steve Anthony Ballmer）是微軟公司舉足輕重的人物，但他在電腦方面並不是特別精通。可是比爾蓋茲卻為他付出了一年數百萬美元的薪水，很多人都表示不理解。

曾經有記者問過比爾蓋茲：「史蒂夫先生不懂電腦，他為何能在微軟擔任要職？」

比爾蓋茲答道：「史蒂夫確實不懂電腦，但他的外交語言和風度無與倫比。」外交就是史蒂夫的看家本領，微軟的很多商務談判都離不開他。他是世界上最優秀的談判專家之一，為微軟的軟體銷售、法律談判做出了巨大的貢獻，這一點是那些精通程式設計的工程師們望塵莫及的。

員工的專長通常在參加面試的時候就展現出來了，面試官對那些自稱無所不能的人常常是不屑一顧的，因為這些人往往什麼都懂一點點，卻哪一樣都拿不出手；而那些坦然承認自己不足，卻能強調自己有某一方面專長或優勢的人反而會獲得青睞。

想像自己是一把刀，完全沒有必要為了像劍那樣兩面鋒利而把厚重的刀背也磨成刃，你只要用盡全力學習，磨好最適合攻擊的其中一面就可以了，使之達到極致鋒利，同樣能使你無堅不摧。

兩軍作戰卻勞而無功的時候，若有一方集結優勢兵力，著力打擊敵人弱點，往往會取得意想不到的效果。企業中也是如此，碰到新課題，想開拓新市場或者當企業整體面臨困境時，集結人才去學習最難的知識，解決最關鍵的部分，其他的問題也就迎刃而解了。

要想有針對性地學習，突出自己的亮點，以下幾個方面是需要注意的：

1. 切不可盲目跟風，別人做什麼你也做什麼，那樣只會讓你的時間和才華浪費在無效率的學習和工作中。
2. 找出自己最擅長的東西，有針對性地學習。首先要看清自己，發揮自己原來的優勢，把自己的專長做到更好，而不是拿自己的弱點去和別人的強項比拚。
3. 了解企業最需要的是什麼類別的人才。學習一些對企業發展無用的知識，只是徒勞無功，唯有將自己的特長和企業的需求相結合，才會找到自己真正需要精進的東西，也就是自己的亮點。

若你本就是公司中的模範員工，本身就具備一定的競爭優勢；倘若能百尺竿頭、更進一步，透過針對性地學習來強化自己的優點，在某方面能做到獨一無二，無可替代，那麼你的未來必定前途無量。

07. 創新學習方法的探索

打破常規

每個人都知道鋼鐵的密度比水大，因此推測鋼鐵在水中必然下沉就是順理成章的，甚至我們可以很容易地用實驗來驗證這一點。然而，倘若這個常識占據我們的頭腦，甚至阻礙我們的思考的話，恐怕到今天我們也只能划幾條木船來做些短程的航行。

對於絕大多數的人來說，在沒有什麼利害相關時，很容易陷入惰性思考之中。常識和前人的經驗常是惰性思考遵循的金科玉律，是它得以維持的原因。我們常常犯的一個錯誤是：躲在前人的綠蔭底下，不敢越雷池半步。在知識快速更新的今天，這種學習方式顯然要被淘汰。

創新性的學習，就是在學習和解決問題的過程中，不應拘泥於前人的經驗和常識，必須開闢新的道路、尋找新的突破點，打破常規、拋棄曾奉為金科玉律的一切，換個角度來思考。正如知名小說人物夏洛克·福爾摩斯所說：「排除了一切不可能的，不管多麼荒誕，剩下的就是可能的。」解決問題或達到目標的途徑不止一種。據說愛迪生（Thomas Edison）在發明電燈前經歷過至少 1 萬次失敗，但對此他只是淡淡地說：「我發現了一萬種不能做成電燈的方法」。

創新需要的正是這種態度。這條路不行，沒有關係，換條路試試，總有一條路行得通。古時人們認為人類絕無可能飛起來，因為我們沒有像鳥一樣的翅膀。但為什麼一定要有翅膀才能飛呢？換個角度思考，飛機終於實現了人類飛行的夢想。

不過，我們需要記住的是，換個角度思考和開闢新道路去解決問題絕不是不需付出代價的。愛迪生發明電燈就試驗了上萬次，布魯諾（Giordano Bruno）因為提倡日心說被火燒死，有更多的人終其一生也許都沒有找到最終的答案從而遺憾終生。

為什麼創新性學習如此艱難？道理很簡單，在平時的學習中你只是在做只有一個或有限個答案的選擇題，而且答案常常都是現成的，你只需要良好的或足夠的耐心就可以完成。創新性學習則要求你在無限的可能中找出答案來。而且，在尋找答案的過程中可能會挑戰了傳統知識體系及其權威，而這種挑戰好像是一個 3 歲的兒童要對付數千頭噴火的恐龍一樣。

化繁為簡

四百多年前哥白尼提出日心說時，他並沒有觀察到地球是在繞著太陽轉的。他只是覺得地心說太複雜了：有 80 多個星球整天在地球的周圍繞來繞去，既不和諧，更不美觀。哥白尼堅信大自然絕不做任何多餘的事情，因此他將那些複雜的圓球通通簡化掉，並創造出一個假想的「哥白尼宇宙」：地球自轉著，並繞著太陽轉。這樣，那些看似複雜的繞著地球的圓球驟然變得明朗起來。它們的軌跡也變得分外清晰。哥白尼這一簡化，居然簡化出了近代科學的開端。

哥白尼的這一簡化無疑具有空前絕後的意義，因為這一簡化揭示了宇宙間唯一可以長存的一條規律，只有最優異的才能存在。

在知識經濟時代，個人所能獲得的資訊量大得驚人。這為我們的創新提供了充足的知識，但往往也容易使我們陷入無窮無盡的資料中走不出來。如果不想被複雜的資訊狂濤所淹沒，那麼簡化就是第一步。事實上，最複雜的事情往往是由最簡單的元素所構成的。現代數學分析理論表明，任何看似複雜的圖形，其實都是由幾個非常簡單的幾何圖形經過若干次的疊加而形成的。

「最簡單的，就是最有效的」，這一大自然的法則在蜜蜂採蜜時也得以巧妙運用。蜜蜂採蜜時所採取的行動路線，如果用幾何圖形來表示，看起來是最普通的放射狀圓形。然而在這簡單的路線上，蜜蜂不會漏掉任何一個可能的採集點，同時又走了最短路線。相對論作為一種複雜的近代物理學理論，很多人可能都認為其推斷過程必定經過了天書式的演算和實驗。事實上，愛因斯坦僅靠單純的演繹法建立它，而其表現形式更是人所共知的簡單：$E=mc^2$，難道還有比這更富於說服力的嗎？

因此，當你在處理一件複雜的事情時，首先是不要被其龐雜煩瑣的表象所嚇倒，更不要停滯在複雜外表的圈套中，而應大膽地去簡化。在大膽地簡化之後，也許一個嶄新的世界正在等待著我們。

自由幻想

在傳統的學院式知識傳播體系中，自由的聯想和幻想很容易與「無稽」、「不務正業」等貶義甚濃的詞彙連繫起來。然而，這正是學院式的知識傳播體系無法適應新時代之處，學院教育只是在培養一代又一代傳播知識的工具，而不是可以改變世界的真正人才。在電腦未曾誕生，知識累積尚不甚豐富之際，這些傳播知識的機構是必需的；但在一個掌心大小的隨身碟就可以存放人類幾十年甚至上百年知識的時代裡，將會顯得太滑稽可笑了。為什麼要鼓勵「自由」聯想和幻想呢？這是因為在不受限的情形下，人腦的活力將得到最大的加強，也最容易閃現出新的靈感。正如我們在謀求簡化時所說的，大自然絕不做多餘的事。因此，事物之間各種看似相當複雜的關係，其本質的連繫其實非常簡單。聯想和幻想的目的就是去找到這種簡單的連繫。但普通的聯想和幻想很容易被固有的思考模式所禁錮，而無限的聯想和幻想卻使我們能在更大的空間中去找尋答案。

所以，我們需要記住的是，無論你的想像多麼荒誕或不可理喻，如果有助於解決問題或者使你產生絕妙的創意，那麼你就採取了正確的做法。當愛因斯坦思考相對論時，他正在做白日夢，幻想自己正騎在一束光上，在太空旅行，然後思考：如果這時在出發地有一座鐘，從我坐的位置看，它的時間會怎樣流逝呢？這樣做並不複雜，我們何不也嘗試看看呢？

動用感官

創新學習是大腦的活動之一，而大腦與外界訊息的中繼站卻是各類感官。由於各類感官收集訊息的管道不一，回饋強度不同。因此，它們替大腦收集的訊息不但不會相互干擾，反而由於彼此補充而能加強整體。

我們的大腦就是這樣處理資訊的：它決不做簡單的累

加，而總是找到能引起最多腦細胞活動的各類資訊的聯結點，然後以近於核爆炸的鏈式反應般引發大腦的活動。很明顯，尋找到的聯結點越多，大腦的活動越強烈，產生創意的機會也就越多。

必須注意的是，聯結點是引發鏈式反應的關鍵，多種感官的參與只是外在表現而已。失去聯結點的多感官收集的訊息將不可避免地相互干擾，導致大腦接收到訊息的品質甚至比單感官收集到的還要差。

著重培養

我們不必事事都研究，但是也可以培養某一方面的專門知識，不僅可以充實自己，也可以增加自己在別人心中的份量。在某一方面的知識稍微多一點，對於自身的發展也大有好處。

08. 明智選擇培訓方向

如今，許多人為增加自身的職場競爭力，使自己獲得進一步提升的資本，因而積極參加培訓。但其中很多人並沒有想清楚到底該學什麼，更有人辛苦地學了一段時間，卻發現沒學到精髓。

以下是其中的幾種類別：

享受公費培訓型

楊先生畢業於某名牌大學，憑著優秀的能力進入一家很大的外資企業上班。在公司的薪資構成中，楊先生每年有幾萬元的培訓經費。本來，這也算是一件好事，可是如何處理這筆錢呢？楊先生對此感到左右為難。要說多也不多，要說少也不少，只是這筆固定的投資，你無法拿去花在別的地方，只能用在培訓上，真是個有些尷尬的難題。

以上述例子來說，楊先生雖然享受公費培訓補貼，但對公費培訓資金如何調配卻沒有方向。他考慮最多的是如何去使用、如何控制的問題。不花是浪費，可要是如果培訓費用超支，自己貼錢又覺得吃虧。

其實，完全沒有必要為這樣的事情煩惱。如果你所在的公司給你這樣一筆培訓費用，說明公司把你當成了投資對象，這是對你的欣賞，你應該感到榮幸，一定要重視它。當你拿到培訓資金時，你可以去選擇一些知名度較高且和自己的專業密切相關的長期課程，一方面可以提高自己的業務能力，另一方面還可以拓展自己的社交圈。當然，最大的問題是如何把這筆錢用得剛剛好。建議自己提前研究一下預算，然後把多出來的費用放到下一年度報銷。不要害怕自己會「虧」，公司既然給你培訓費，證明公司重視你。這才是最珍貴的。

盲目參加培訓型

林小姐在一家做圖書出版的文化公司上班，本業是編輯出版，主要工作內容都是與文字打交道。可是因為公司規模較小，人手少，缺美編。公司想安排她做平面設計。林小姐雖然是學編輯的，但對設計很不在行。可是公司的事情難以推脫，自己又好強，就答應了。為了做好設計工作，林小姐在外面報了個補習班，特地學了影像處理軟體。可是當公司規模擴大，招了一個專門做平面設計的高手，這樣一來，林小姐又被調回文字編輯部。這時她有點後悔了，因為自己的文編能力並沒有繼續提高到一定的層次，而設計也不是她真正感興趣的。當初自己業餘去學的那些軟體既花錢還花時間，自己以後也許也不會再做設計，想想真是不划算。

這種類別一般出現在那些初入職場、上進好學的人身上，他們盲目參加培訓，耗時費財，對自己的職業生涯缺乏明確的規畫。

其實，在選擇培訓的時候，首先要確定培訓方向必須與自己的職業目標相契合，因為培訓的最終目的是為未來的職業發展做準備。對於職場人士來說，最需要釐清的是參加的培訓對未來發展的幫助程度有多少。因此，參加培訓必定有個大前提，即未來的職業規畫是怎樣的，這個規畫的可行性究竟有多少。只有確定此一前提，才能有針對性地進行相應的培訓。

透過培訓轉行型

劉小姐原先學的是外貿，畢業後在外貿公司擔任一般職員。工作後，她發現當年的科系是受父母影響才決定的，自己並不喜歡，她希望能做自己喜歡的設計工作；但因為從來沒有接受過系統性的訓練，她覺得自己必須參加培訓，希望學成後，能夠找到一份設計方面的工作。但是，劉小姐打聽下來發現，設計方面分成美術動畫、平面等多個專業領域，具體而言哪個領域的前景最好，她也說不準。

這種類別一般出現在那些不喜歡目前工作的人身上，他們希望透過培訓改變自己的職業發展道路，卻沒有明確目標，對具體培訓內容猶豫不決。

其實，很多職業發展不順心的人都想過換個工作，但他們有的對嚮往的行業並不是很了解，只是憑感覺認為自己會感興趣。其實轉行不是一件容易的事情，很多工作表面光鮮，真正投入後才會發現並非如此。打算透過培訓改變職業必定需要時間，而且定會付出更多的努力。想要轉行培訓，關鍵是要先確定自己是否真的適合往這方面發展。一個比較穩妥的建議是，可以先利用業餘時間學習，將單純的興趣慢慢轉變為業餘愛好，然後再聽聽業內人士或職業生涯規劃師的意見，看看他們是否認為你具有這方面的潛力。透過比較，你才會發現自己真正適合的到底是什麼。

09. 知識更新的有效方法

車子、房子，一切事物隨著歲月流逝會漸漸折舊，但是，你有沒有想過，你賴以生存的知識、技能也是如此？在風雲變色的職場中，跟不上時代的人瞬間就會被拋到後面。如果你是工作數年、自認「資深」的員工，也不要倚老賣老，妄自尊大，否則很容易被市場淘汰。即使你是主管眼前的紅人，為了企業的利益，對方也可能捨你而去。

臺灣的資深音樂人黃舒駿在這方面就感受很深。處在流行行業最前線的唱片圈，10 年來，每年都有新人前仆後繼，以數百張新專輯的速度搶攻唱片市場。稍不留意，就會被遠遠地拋在後面。黃舒駿覺得：「老不是最可怕的，未老已舊才是最悲哀的事。」所以，面對推陳出新的市場，不斷學習和創新才能不被大眾遺忘，「我是個容易憂慮的人，每天都覺得自己不行了」，這樣的憂慮是進步的動力。

所以，不懈學習才是百戰百勝的利器。

對於那些在職場上奮鬥的人來說，他們的學習有別於學生時代的學習，前者的學習缺少充裕的時間和心無雜念的專注，以及專職的教授人員。所以，積極主動地學習尤為重要。

在工作中學習

工作是所有職場新鮮人的第一堂課，要想在當今競爭激烈的勞動力市場中勝出，就必須學習從工作中吸取經驗、探尋智慧的啟發以及收集有助於提升效率的資訊。已故的彼得．詹寧斯（Peter Jennings）是美國廣播公司當家新聞主播，他雖然連大學都沒有畢業，但以事業作為他的課堂。最初他當了 3 年主播後，毅然決然辭去人人豔羨的主播職位，到新聞前線去磨練，擔任記者。他在美國國內報導了許多不同類別的新聞，並且成為美國廣播公司第一個常駐中東的特派員。後來他搬到倫敦，成為歐洲地區的特派員。經過這些歷練後，他又重回新聞臺黃金時段的主播位置。此時，他已從一個初出茅廬的年輕人成長為一名成熟穩健又廣受歡迎的新聞從業人員。

透過在工作中不斷學習，你可以避免因無知而生的自滿損及你的職業生涯。專業能力需要透過時時提升技能，以及不間斷的學習新知來磨練。不論是在職業生涯的哪個階段，學習的腳步都不應稍有停歇，要把工作視作學習的一環。你的知識對於所服務的企業而言可能是很有價值的寶庫，所以你要嚴格地自我監督，別讓自己落於時代後頭。

在培訓中學習

多數企業都有自己的員工培訓計畫，培訓的投資一般由企業作為人力資源開發的成本開支。而且企業培訓的內容與工作緊密相關，所以爭取成為企業的培訓對象是十分必要的。為此你要了解企業的培訓計畫，如週期、人員數量、時間長短，還要了解企業的培訓對象有什麼條件，是注重資歷還是潛力，是關注現在還是關注將來。如果你覺得自己完全符合條件，就應該主動向主管提出申請，表達渴望學習、積極進取的意願。主管對於這樣的員工是非常歡迎的，同時，提升技能也是你升遷的保障。

在業餘時間學習

在企業無法滿足自己的培訓要求時，也不要閒下來，可以自我「再教育」。首選應是與工作密切相關的項目，其他還可以考慮一些熱門技能或自己感興趣的領域，這類培訓更多意義上被當作一種「補給品」，在以後的職場中會增加你的「份量」。

知識、技能的折舊越來越快，不透過學習、培訓來更新，自然會越來越難適應瞬息萬變的職場；而主管又時時將目光放在那些掌握新技能、能為企業提高競爭力的人才身上。

未來職場將不僅是知識與專業技能的競爭，更是學習能力的競爭。一個人如果善於學習，他的前途會一片光明。

10. 在學習過程中持續提升

一個人的知識量越多，經驗愈豐富，生活也就愈充實。在激烈的競爭中，沒有或缺乏知識，就如同失去應戰的本錢。

若要自己的創意真正成為解決問題的良方妙藥，必須認真地研究時代變化，不斷學習，去適應時代的發展，用新知充實你的創意。

隨著時代變遷，一些法規、政策，甚至人們的消費習慣都在不斷變化。比如過去的獲利原則就是去發現需求，滿足需求，現如今「發現需求，滿足需求」已變得不那麼管用。事物變化迅速，隨著人們生活水準的提高，人們的價值觀、期望也在不斷提高。新的獲利原則變得更關注兩方面：一是關注難題，二是關注產品和服務。

因此，主管時時都在關注那些掌握新技能、能為企業提高競爭力的員工，你若不想落於人後，就必須找出自身知識的缺陷，趕緊跟上。

要不斷加強學習，用新知識、新觀念來充實自己的頭腦。不要擔心學不到知識，只要你用心去學。有句名言說道：「對知識的渴求是人類的自然意志，任何頭腦健全的人都會為獲取知識而不惜一切。」

擁有知識並不是人的最終目的，將所學迅速轉變為提高工作效率的能力，不斷將之充實到各項創意當中，才是我們應當追求的終極目標。

由掌握知識到不斷發揮自身才學使其變為本領之一，是一個昇華的過程。在這個過程中，除了要有正確的思考方法以外，更重要的是我們始終把這一過程當作是提高自身競爭力的手段。

要學會怎樣把知識變為能力，用知識豐富想像，不斷發掘出新的創意，善於靈活運用所掌握的知識去競爭，在理想與現實之間架起一座成功的橋梁。

正如比爾蓋茲所說：「一個人如果善於學習，他的前途會一片光明；而一個良好的企業，得要求每一個團隊成員都是那種迫切求進步、努力學習新知的人。」

你可以對紛沓而至的科技浪潮驚嘆不已；

也可以對身邊日新月異的變化目瞪口呆；

甚至可以對新知表現出茫然無措。

但是，這一切都不應該讓你放棄學習。要知難而進，不斷學習新知和新技能以充實自我，只有這樣你才能與時俱進，不會被時代所拋棄。

11. 向他人學習知識的智慧

哲學家愛默生說：「一個聰明的人能拜所有人為師。」任何人身上都有值得我們學習的地方，這個人可以是我們的上司，可以是我們的同事，可以是我們的親朋好友，也可以是我們的競爭對手。學習是人們成長的主要途徑之一，而向別人學習又是重要的環節之一；如果無法向周圍的人學習，那麼自身的成長就會像缺少某種維他命一樣缺乏滋養。眾所皆知，一個缺乏營養的人總是不如健康的人那樣有足夠的能量抵擋外界的壓力。

有個故事說：山下住著兩個古老的部落，一個部落叫狼部落，因為他們部落裡的人像狼一樣聰明、有膽識，彼此之間也像狼一樣分工明確、團結互助；另一個部落則叫虎部落，因為這個部落裡的人個個像老虎一樣勇猛，他們當中的任何一個人都驍勇善戰。

這兩個部落的人都以狩獵作為生存的手段，山上的其他野獸和泉水就是他們生命的泉源。

後來，隨著山上的野獸越來越少，兩個部落的首領都感受到了生存危機潛伏在他們每一次的狩獵活動當中。狼部落的首領首先召集部落當中的智者來商量日後部落的生存方式，透過大家表決，狼部落最終決定以後要栽種一些食用植物，而狩獵得來的獸肉儲存起來以備後用。

虎部落的首領同樣召集了部落中的人們前來商量如何應付野獸越來越少的難題。有人提出搬家，有人提出到更遠的地方狩獵，有人提出和狼部落決鬥後劃分各自的狩獵範圍，也有人提出減少分配給年老體弱者的食物份量，但是這些建議都被大家以各種原因否決了。最後，首領提出的建議受到大家一致的贊成。首領的建議是，在每個月亮最圓的夜晚多狩獵一次，並不殺害獵物，而是把這天獵到的動物圈養起來，派老弱病殘者在部落中照顧這些動物，其他人則仍舊像以前一樣認真狩獵。

日子一天天過去了，山上的野獸越來越少，兩個部落採取的辦法雖然都解決了一些問題，但是面對日益嚴峻的生存形勢，他們仍必須尋找其他辦法。否則，在不久的將來他們就要面對餓死的危機。

正當狼部落的人為此心急如焚的時候，虎部落的一隻小山羊跑到了他們部落附近。狼部落中負責守衛的人沒有把那隻看上去不夠一個人吃的小山羊還給對方，而去尋找小山羊的那位虎部落老人也看到了狼部落裡種植的植物。很快，那位老人把這個消息告訴了虎首領，同時他建議等到山上的植物種子成熟後，讓部落裡的婦孺都去採集種子，等到天氣轉暖的時候開始播種。老人的建議馬上得到了虎首領的採納。第二年春天，虎部落周圍的田野中也種滿了各式各樣的植物。

另一方面，在發現了小山羊之後，狼部落的守衛覺得自己應該把這件事情告訴狼首領。於是，當虎部落的人忙著採集植物種子的時候，狼部落也開始修理牲畜棚了。第二年春天，圈養在棚中的馬生下了漂亮的小馬。

從此以後，兩個部落的人再也不用為以後的食物來源擔心了。他們漸漸過上了飽暖富足的生活。

人們在工作中或許會想到向自己的上司和同事學習，但是很少有人會向競爭對手學習。其實對於一個企業來說，一起競爭的同行往往更應該成為自己學習的對象，而且超越我們越多，和我們競爭越激烈的對手，就越值得我們學習。

這是因為同行的競爭對手與我們有共同的客戶群、共同的管理方式以及共同的成長經歷，他們和我們面對的問題也更相似，所以彼此之間就有更多得以互相借鑑的地方。如果一個公司能夠坦然地向競爭對手學習，那麼它就能少走許多彎路，營運過程也會更加順利。

同理，人與人之間的競爭當中，若你很出色，你的競爭對手也必定如此，而對方身上的一些長處也許正是你所缺少的。如果你能夠謙虛地向競爭對手多多學習，那麼你的成長之路就會更加通達。如果你現在還有不足之處，那就更應當向比你出色的人學習，學得越多，你以後取得成功的可能性就越大。

有些人會故意貶低自己的競爭對手，或者希望自己的競爭對手不要過於強大。實際上，在職場上和對手競爭，就如同打高爾夫球，和不如自己的人打球很輕鬆，你也很容易獲勝，但永遠磨練不了球技；而且這樣的比賽參加多了，球技只會越來越差。寧可少贏幾場輕鬆的勝仗，也盡量不和差自己太多的人較量。

12. 網路學習的策略與方法

相對於其他傳統媒體，網際網路是傳播最廣泛、最及時的一種方式，我們所需要的大量資訊都能便捷地從中獲取。如果職場人士能很好地利用它，這種方法也能為自己開啟另一扇通往成功的窗。

網際網路本身是一個資訊共享、聯繫外界的工具，只要採取適當的辦法，適當地使用，就能發揮網際網路的強大優勢。比如規定合適的上網時間，期間內，工作不急的人可以查閱資料、閱讀新聞、回覆訊息等。對於人們而言，上網可以很容易地獲得自己需要的資訊；可以方便、快捷地聯繫他人；可以在網路上獲取許多的免費素材等等。

平時如果有空，你可以多瀏覽一些和自己職業相關的可靠網站，利用 Google 等網路搜尋引擎查閱你需要的資料，還可以把自己經常瀏覽的一些專業性網站存到收藏夾裡，進行分類，這樣需要到哪個網站查閱，隨時都可以調出來，節省時間。在瀏覽和自己職業相關的網站時，要學會選擇那些比較權威、專業的網站。

除了網際網路，現在一般的企業也都有設置區域網路，且基本不限制員工使用。這是一個很好的分享資訊的工具和平臺。員工可以廣泛地收集各方面的資訊，透過登入區域網路，閱讀和提供工作相關的資訊。區域網路是企業數位化發展的又一證明，利用的好壞在於企業是否有正確引導員工，而這也是員工自我培訓的手段之一。很多員工都沉醉於網際網路的精彩世界，對區域網路不重視，沒有切實地利用資源。其實區域網路最大的作用，在於對企業營運情況的了解，以及同事間資訊的共享等等。

13. 從競爭中學習的智慧

一個優秀的員工應密切注意企業的競爭對手的發展，對競爭對手的產品的好壞和經營策略都要瞭如指掌。

在企業中，基層員工、經理們通常最關心的是他們的主管在煩惱什麼；向主管負責固然是部下的分內之事，但卻經常忽略競爭對手們在做什麼、想什麼。「知己知彼，百戰不殆」，分析、學習競爭對手是企業致勝的重要法寶。任何企業，要在商戰中立於不敗之地，就必須客觀、及時地了解其目前和潛在的競爭對手，必須明確了解對手的策略和目標、優勢和劣勢，從而確立行之有效的營運策略和行銷策略。

很多大企業都試圖透過各種管道來摸清對手的底細。諸如：工程師拆開產品逐一分析；請律師研討對方的專利權；銷售人員檢查對方的銷售通路；請技術人員仔細分析對手的產品，希望找出產品的缺點，推出更新的改良版。

俗話說「商場如戰場」。在商場上，企業員工也應該像戰場上的偵察兵一樣，去刺探、了解、分析自己的競爭對手，了解同行的經營目標、產品開發、市場行銷、人才策略等等情況，這樣才能提出相應的策略與對手周旋、競爭，使自己不被對手蠶食、併吞、打垮。

戰勝對手的有效策略是了解和分析。若想做到這一點，你就要清楚對手以下資訊，諸如：競爭對手是滿足於現狀還是在尋求新的市場；它可能會採取什麼策略，對你的企業會有多大威脅；競爭對手的弱點在哪裡；敝公司與競爭對手的主要差別在哪裡。

企業必須全面地、系統地、持續地收集競爭對手的資訊，並對其實力由此及彼、由表及裡、去粗取精、去偽存真地仔細分析，才能克敵致勝。在這個充滿變數的市場經濟時代，哪個企業能獲得更多的資訊，哪個企業就能處於優勢；哪個企業能充分了解競爭對手，哪個企業就能在市場競爭中掌握先機，立於不敗之地。

比爾蓋茲曾說過：「一個好員工應分析公司競爭對手的可借鑑之處，並總結經驗，避免重犯競爭對手的錯誤。」微軟有個團隊專門分析競爭對手的情況，包括什麼時間推出什麼產品，產品的特色是什麼，有什麼行銷策略，市場表現如何，有什麼優勢和劣勢等等。微軟的高層每年都要開會，請這些分析人員來講述競爭對手的情況。

為什麼要這樣做？微軟此舉是為了向競爭對手學習對方的長處。

面對競爭對手，是對抗？還是學習？這是企業能否在 21 世紀站穩腳跟的重要選擇。要想戰勝競爭對手，要想在商戰浪潮中生存，重要的手段，或者說重要的課題之一就是「向競爭對手學習」。

美國斯圖．倫納德（Stew Leonard）乳製品企業的創辦人斯圖．倫納德培訓中階管理層的方法很獨特，其做法就是訪察競爭對手。

他經常挑選一個與自己商店的營運模式有相似之處的競爭對手作為訪察對象。去訪察時，不論遠近，即使是幾百公里以外的地方，他也會帶上 15 個下屬一同前往。

為此，他還專門設計了載客量 15 人的麵包車組成一個「好主意俱樂部」，看誰能第一個從競爭對手的經營管理中受到啟發，提出對敝公司有用的靈感，或至少保證自己提出一個新點子。

斯圖．倫納德這樣做的目的，就是想讓每個參與者都能至少找到一處競爭對手比斯圖．倫納德公司做得好的地方。他說：「我們應當盡量找出一件競爭對手比我們做得好的事，即便那只是一些小事。唯有這樣，你才能不斷使自己進步。」

山姆．沃爾頓（Samuel Walton）是 1991 年的世界首富，當時他的資產高達 250 億美金，他靠什麼起家的呢？

他把雜貨店變成連鎖商場，後來成為全美零售業王國，即「沃爾瑪百貨」。

他開第一家商店的時候，雖然只是一家小雜貨店，可是他的人生目標就是成為行業中的頂尖，他知道一旦達到這個目標，財富自然會湧向他。

他每天做什麼呢？他不但每天清晨 4 點半起來工作，督促店裡的員工提供最好的服務，而且有空就跑到競爭對手的商店裡，不斷研究對方。

山姆·沃爾頓不斷到他的競爭對手店裡去看看，對手的價錢是不是比自己便宜？對方的商品架擺放得是不是比自己美觀？對方的服務是不是比自己優良？他不斷觀察他的對手做對了哪些事情，哪裡做得比較好？以及做錯了哪些事情？他不僅吸取對手的經驗和教訓，而且每當發現競爭對手比他做得好的時候，他就立刻想出一個辦法，在那些方面超越他的競爭對手。在這樣做的過程中，他的店自然變成全美最完美的商店，然後漸漸成為龐大的零售業王國。

一個優秀員工應時時關注競爭對手，從對手那裡學會更聰明的做法，避免犯下跟他們一樣的錯誤，然後找到超越、戰勝對手的方法。

14. 培養終身學習的習慣

孔子在 2,000 多年前就說過「學而時習之，不亦說乎」，我們常說「活到老學到老」，這作為一種精神被人們廣為傳道，但這更像一種修煉或是陶冶情操，而不是基於提高能力的學習。現在，這種思想不再是治學的要求了，而是社會，乃至工作的需求。曾有學者表示：「我們無法再以刻苦且一勞永逸的方式獲取知識了，而需要終身學習如何建立一個不斷演進的知識體系 —— 學會生存。」

學習是一個終生累積的過程，學到的東西越多，就越覺得自己欠缺很多。追求卓越是一個永無止境的過程，我們窮其一生也無法游到學海盡頭，必須不斷地學習，才能持續成長。

學習是人的本能，不停進行知識結構的重組 —— 一邊遺棄舊的，一邊吸收新知，並不斷創造出新的知識。善於持續學習是優秀員工的特徵，他們能夠有效地利用認知策略，適當掌握「如何學習」諸如此類的知識，從而來引導自己學習得更有效率，並養成自我學習的能力，建立終身學習的習慣和態度。他們可以系統地結合日常工作和周圍發生的事情，不斷補充新的知識和掌握最新資訊，並持續尋求解決問題的方法，發掘變革、創新的新途徑。

尤其在知識經濟時代，人們要充實和發展自己，實現自身的價值，要活得有品質、有意義，必須得仰賴學習。學習與生命意義同樣重要，並成為工作中至關重要的因素。優秀員工更是將學習視為其生存和發展的必要，他們的學習是和工作緊密連繫在一起的，是創造性的、潛意識的學習，更是終身的學習。

終身學習強調的是人一生都要學習，從幼年、少年、青年、中年直至老年，學習將伴隨人的整個生活歷程並影響人一生的發展，而這也是不斷發展、變化的外在世界對人們提出的要求。人類從誕生之初，學習就成為人類群體及其每一個個體的一項基本活動。不學習，一個人就無法了解和改變周遭環境，無法適應社會；不學習，人類文明就不可能發展成今日那般進步。

學習的作用不僅僅局限於對某些知識和技能的掌握，學習還使人更聰慧，使人格更高尚，讓人更全面地發展。正是基於這樣的意識，人們始終把學習當作一個永恆的主題，反覆強調學習的重要意義，不斷探索學習的科學方法。同時，人們也越來越意識到，實踐無止境，學習也無止境。

古人云：「吾生也有涯，而知也無涯。」當今時代，世界在飛速變化，新情況、新問題層出不窮，知識更新的速度大大加快。人們要適應飛速發展、變化的外在世界，就必須把學習從單純的求知變為生活的方式，努力做到活到老、學到老，終身學習。

同時，學習本身也面臨深刻的革命。未來學習更社會化的同時，也更加個體化。學習的時空，將由學校時代擴充到終身，將由個人的學習擴充到團體的、企業的學習。

知識經濟社會是一個沒有終身職業的社會。在這樣的社會，要如何讓所有人都能過得更好？那就要學會學習，終身學習！

15. 不斷擴展知識領域

知識領域影響事業發展空間，沒有豐富知識累積的人生是不完整的。如果你從拓展事業的角度看待工作，那便等於擁有了一個積極的開始，你的職涯必然孕育著無限生機；相反，如果僅僅只想應付工作，那你的事業成長之路必定是個壓抑的開始，沒有蘊涵足夠的熱情和動力，就如同站在井底仰望蒼穹，看到的只是一小片單調的天空。

當你選擇了一個行業，並且開始你的事業之路時，你就應該知道自己要以什麼樣的起點開始自己的事業，需要哪些知識來開拓自己的發展空間。

擁有更豐富的知識才有更廣闊的發展空間，人們也才能實現更高水準的發展，因此人們就越需要拓展知識面，使之更加廣博。反之，知識面越窄，發展空間越小，人們的能力就越差，最後就越容易滿足於眼前，越來越不思進取。比如一個人對瑣事的興趣越大，對大事的興趣就會越小；而非做不可的事越少，越少去做真正應該做的事，於是人們就越關心瑣事。這無疑是一種惡性循環，但人們卻總是樂此不疲，或者是深陷其中無法自拔。

企業提供給我們的不僅僅是一份維持生計的工作，從工作中我們得到的不僅僅是一份薪水，提供給我們的是一份嶄新事業的開始，從這份新事業中我們可以得到更加廣博的知識，不斷提升自我價值。在事業的道路上能夠獲得什麼樣的成果，完全取決於我們從什麼樣的起點開始，如果你以不斷拓展偉大事業的心態工作，那你自然會不斷豐富和更新自己的知識，從而創造出越來越大的價值。

16. 將學習融入生活方式

現在是知識經濟時代，是資訊社會和學習型時代。每個職場人士要在這樣的時代生存、發展，就需要不斷學習、思考、創新，這才是唯一的出路，才是聰明的選擇。

隨著學習化社會的到來，學習化生存方式將是每個職場人士的唯一選擇。時代要求及生存競爭迫使我們不得不學習。成長一離開學習就難以實現，想追求高品質的人生，就必須透過學習去達成。

學習型社會強調以人的發展來推動整個社會的進步，強調個人潛能的發揮可以推動整個社會的創新，這是理性的，符合人性的學習觀和價值觀。身為一名在職場求生存的員工，我們不應被動地做學習的奴隸，而是要全面發展，不僅學習書本知識，更主要的是在生活中學習。

或許，你在上下班的公車上聽到別人談論的剛好就是你遇到的問題，別人的聊天內容給了你答案；或許，你在家裡和孩子玩鬧時，孩子天真無邪的一兩句話就會讓你茅塞頓開，困惑你好幾天的難題就會迎刃而解；或許，你在電視中看到的某個廣告就會讓你靈光一閃，為你的設計指出了新的思路和方向……

人生博大精深，是一本耐讀的百科全書。走進自然、走進社會、走進生活，在學習中不斷地思考，在思考中不斷地進步，在進步中發展、成就自己的事業，這些才是你應該做的。熱愛生活、放飛思維、體驗人生，透過自身努力不斷學習、思考，讓自己快速成長起來，最大限度地實現自己的人生和社會價值，使自己的生活更有品質，讓自己的人生開出絢麗多彩的花。

雕塑家羅丹說：「這個世界不是缺乏美，而是缺乏發現美的眼睛。」同理，我們也可以說：「這個世界不是缺乏學習的機會，而是缺乏發現學習機會的眼睛。」要想在職場中如魚得水，平步青雲，除了貴人相助，更重要的是自己平時在生活中一點一滴的歷練。做個留心周遭的人，多觀察生活，從生活中學習。因為生活是個廣闊又多元的課堂，是自我培訓的最佳選擇。

17. 全面提升職業素養的途徑

職業素養是指從事某種職業應具備的基本素養，它包含職業興趣、職業個性、職業技能和職業情緒表現幾大要素，其中職業情緒表現就是職業情商。職業情商是指從事某種職業應具備的情緒表現，職業情商的高低直接決定、影響其他職業素養的發展，進而影響整個職業生涯發展。因此，職業情商是相當重要的職業素養，提高職業情商是個人職業發展的關鍵。

身在職場，無論從事哪種職業，身居何種職位，「智商決定是否錄用，情商決定是否升遷」，已成為職業發展的重要信條。許多企業在應徵新員工時，也越來越留意、考察應徵人員的情商素養，透過心理測試或情商測驗等手段來測試應徵者情商的高低。

一個人的知識、經驗和技能等智力因素固然重要，但進入公司後，影響和決定一個人職業發展的關鍵因素卻是情商素養的高低。一個人事業成功與否，通常認為20%取決於智商因素，80%取決於情商因素。

什麼是情商和職業情商呢？

情商就是一個人掌控自己和影響他人情緒的能力。從情商的一般內涵來看，情商包含五個方面的情緒能力：

1. 了解自己情緒的能力；
2. 控制自己情緒的能力；
3. 自我激勵的能力；
4. 了解他人情緒的能力；
5. 維繫良好人際關係的能力。

職業情商就是以上五大方面在職場和工作中的具體表現，職業情商更加側重對自己和他人的工作時情緒表現的了解和掌握，以及如何處理職場人際關係，是職場中情緒能力的表現。

如何提升自己的職業情商呢？提升職業情商，必須在以下五個方面不斷修煉：

心態的修煉

了解自己在工作中應當控制好自身情緒，保持良好的工作心態。職業情商對職業情緒表現的要求就是保持積極的工作心態。積極的工作心態表現在以下幾個方面：

1. 工作狀態要積極。每天精神飽滿地來上班，與同事見面主動打招呼並且表現出愉快的心情。
2. 工作表現要積極。積極就意味著主動，稱職的員工應該在工作表現上做到以下「五個主動」：

   ① 主動發現問題；
   ② 主動思考問題；
   ③ 主動解決問題；
   ④ 主動承擔責任；
   ⑤ 主動承擔分外之事。

3. 工作態度要積極。積極的工作態度就意味著面對遇到的問題，都能積極想辦法解決問題，而不是千方百計找藉口。

4. 工作信念要積極。工作時要有強烈的信心，相信自己的能力和價值，肯定自己。只有抱著積極信念工作的人，才會充分挖掘自己的潛能，為自己贏得更多的發展機遇。

思考方式的修煉

要學會掌控工作中的消極情緒。掌控情緒就是掌握和控制情緒兩個含義，而不是單純的自我控制。因為控制情緒說起來容易，往往做起來很難，甚至遇到對自己情緒反應激烈的問題時，根本就忘了控制自己。要駕馭自己的情緒，還必須要從改變思考方式入手，改變對事物的看法，以積極的思考方式看待問題，使消極的情緒自動轉化為積極的情緒，從而實現自我控制的能力。

在工作方式上，要培養積極的思考方式。積極的思考方式就是以開放的心態去處理工作中的人際關係和事務，包括多向、逆向、橫向、超前思考等。了解他人的情緒需要逆向思考，也就是換位思考，站在對方的角度看問題，理解對方的內心感受。

處理與上級、同事、下級的關係都需要換位思考。比如自己辛辛苦苦去努力完成一件工作，本想得到上級的肯定和表揚；卻因為不小心忽視了微小的差錯，遭到上級的否定和一頓批評，心裡就感到不平衡、發牢騷。但是站在上級的角度思考，身為上級要的就是下級工作的成果，自然希望成果盡善盡美，自己的辛苦沒有得到肯定也就沒有什麼好抱怨的。

處理同事關係同樣需要換位思考，在別人看來，一個人無論多麼不可理解的事情，都有他自己的契機，要善於站在對方的角度了解他人的想法，才會實現雙贏的溝通，建立良好的人際關係。

習慣的修煉

透過心態、思考方式、行為的修煉培養出良好的職業習慣，是提升職業情商和實現職涯突破性發展的唯一途徑。要想成功，就必須要具備成功人士的習慣。改變壞習慣的關鍵在於突破自己的舒適圈。一個人形成的習慣就是他的舒適區，要改變壞習慣就要突破自己的舒適圈，要有意識為自己找點苦頭吃，要勇於為自己施加點壓力，努力突破自己以往的舒適圈，培養出心態更積極的職業習慣。想做到這點，具體而言必須突破下列這幾類舒適圈：

（1）突破情緒舒適圈。喜怒哀樂是人的情緒對外部刺激的本能反應，但是若不多加控制負面情緒，肆意發洩情緒的結局往往對自己沒有好處。職場中一定要避免的幾種負面情緒是：抱怨和牢騷、不滿和憤怒、怨懟或仇恨、嫉妒、害怕失敗、居功傲視等，這些都是個人職涯的致命傷。

調節自己的情緒有很多方法，其中最重要的是要告訴自己：在工作場合，我的情緒不完全屬於我，我必須要控制自己！

（2）突破溝通舒適圈。每個人的性格決定了各人溝通的方式各不相同，有的人說話快言快語，有的人在該表態的時候也沉默寡言，有的人愛出風頭，經常不自覺地插嘴打斷別人的談話，有的人習慣被動等待上級的指示，有的人喜歡一遇到問題主動請示和溝通 ...... 每個人都有自己習慣的溝通方式。

要實現良好溝通，就必須有意識改變自己平時的溝通方式，學會積極傾聽對方。職場上，良好的溝通不一定是說服對方，而是真正理解對方的想法。即使是爭辯，也必須是對事不對人的良性爭論，切勿人身攻擊和惡語相向，這是職場人際溝通中最應該避免的。

（3）突破交際舒適圈。人們都習慣和自己脾氣相投的人交往，所以無論在哪個公司，同事之間多多少少都存在小圈圈，這是正常的現象。但是人在職場上，必須要和公司裡所有的人以及外部客戶打交道，因此更要學會適應不同性格的人。突破交際舒適圈，就是要有意識和不同性格的人打交道，比如要主動找與自己不同性格的人聊聊天。看似是很簡單的事情，其實職場中大部分的人都很難做到。一旦你去嘗試和不同性格的人交往，不但是一件小小的突破，更對於提升你的職場情商有所幫助。

行為的修煉

良好的心態和思考方式都要展現在工作上。同時，對於自己的工作必須要掌握以下兩條基本行為準則：

（1）工作要以目標為導向。一是要了解企業的目標，二是要制定明確清晰的個人目標，並且使企業目標和個人目標相結合，才可以相互推進；透過配合完成企業目標而實現個人目標，透過達成個人目標而推進企業事業的發展，這是在職場實現個人職業發展的捷徑。

在某些情況下，個人的長期目標並不一定總是和你眼下服務的企業目標相一致，但是既然你在這個公司工作，你就要把一切經歷變為有助於你個人職業發展的財富，你的個人階段目標必須服膺於你的工作目標。

（2）工作要以結果為導向。以結果為導向就是要站在完成工作的角度去思考問題，衡量自己的工作計畫。以結果為導向既是一種思考方式，又是一種行為習慣。以結果為導向就是要追求積極的結果，並主動想辦法去實現。如果面對一項工作，你還沒有做就先認為自己「做不到」，讓你的思緒妨礙了能力的發揮，那麼你就有可能真的做不好。

18. 破除高效率學習的障礙

對於優秀員工來說，每個人都知道學習的重要，但有時學習的效果似乎無法令他們滿意，這說明：想學並不就能學好，學習是需要方法的。

個人生活和企業內部中時常出現一些阻礙學習的事物，多數是存在於我們個人和團體中，讓人難以真正有效學習的舊知識、舊觀念和舊習慣等，這些障礙確實存在著，卻難以被發現和確認。多數企業如此「短命」，無不與這類障礙有關。要解決問題，我們必須重新建立一種思考問題的方式，從習慣在意外界、他人，轉變成留意自身和自我內心深處；從部分過度到全體、整個結構，從而能看到真正存在的學習上的阻礙，找到克服它們的可能。

學習中存在的七大障礙是：

局限性思考

讀者身邊或許也曾發生過這樣的例子：公司新成立了一個部門。剛開始，產品的研發與銷售均由某個人主管，過了幾個月，隨著新產品上市與業務量增加，公司任命新的業務主管分管產品的銷售。從此，兩位主管的爭執開始浮上檯面。新的業務主管以為產品有問題才賣不出去，而研發主管則認為是銷售不夠積極，產品開發再好也沒用。於是，研發主管以拖延產品開發來妨礙銷售主管，而銷售主管則消極應對產品的開發，以此回擊研發主管。最後，舊產品因銷售不佳而難以回收研發成本，新產品也因延後上市和問題太多也未能帶來利潤，公司最後乾脆裁撤整個部門。試想為什麼會出現這樣的事情，也許你會想起「職業道德」這四個字；然而，一旦我們的思考有了盲點，道德顯然是微不足道的。如果我們不更全面地、從整體和事物的普遍連繫考慮問題，而是片面、部分地，以局限的思維考慮問題，就必然會陷入困境、走向失敗。

我們深受分工理論的影響，長久以來被灌輸固守本職的觀念，以致認為自己對於事物整體只有很小影響力，甚至毫無影響力。我們只專注、局限於自身職務，把自己的責任局限於職務範圍內，對自身與其他職務互動而產生的結果失去責任感，有時就算對結果失望，也無法察覺到為何如此，與自己的本職又有什麼關係等。局限性思考會阻擋我們的視野，阻礙我們前進的步履，只注重分工、堅持「各人造業各人擔」的團隊，更加深了學習上的障礙。

我們再回到上面的例子中，假想這兩位主管能力都足以勝任，如果他們能系統性地思考，走出「分工分責」的局限，建立共同的市場觀念和期待，以積極的心態相互配合，致力於實現共同願景，不僅不會出現那種悲慘的結局，而且個人的能力也會隨著團隊學習力的提升而有更大的進步，個人也會有很大的發展空間。然而，他們局限於小我、搞內訌，忘了自己與對方是同一陣線，以致與自己的團隊同歸於盡。

歸罪於外

歸罪於外實際上是局限思考的負面結果，是以片面的角度看外在的世界，不積極地自我反思，把罪責推卸給外界。如果我們的目光只專注於自己的職務，便看不見自身行動的影響是如何延伸到職務範圍以外；當部分行動的影響反過來傷害到自己時，還誤認為這些新問題是外部引起的，到時我們除了指責同仁，甚至還會推卸責任給團隊之外的因素。歸罪於外的做法不只意味著放棄學習的機會，也無益於解決事情、提升自身能力。因為當我們歸罪於外時，已將「整體」與「自身」切割，永遠無法看清問題及解決之道。在前面的例子中，銷售部門責怪研發部門無法生產出物美價廉的產品，以至於他們賣不出去；而研發部門又責怪銷售部門銷售能力差，賣不掉產品，也是歸罪於外的思維所致。

缺乏主動地全面思考的積極心態

一般來說，出現危機就應有前兆。主動積極地解決問題是指我們必須儘早有所行動，並在問題擴大成為危機之前加以解決。主動積極的行為常能解決問題，但是處理更複雜的難題時，如若缺乏系統性的思考，則往往會使問題惡化，出現更大的危機，甚至到不可收拾的地步。

有一家大型保險公司的理賠業務副總裁準備擴大自有法務人員的陣容，使公司有能力承辦更多案子，不用再在庭外和解或另外聘請律師，以減少營業成本。他們請來諮詢顧問共同檢討這項構想可能帶來的一連串節果，如：在法院可能勝訴的案件比例，可能敗訴案件的大小，不論誰贏誰輸每個月的直接和間接費用，以及案件的解決可能要費時多久等問題。出人意料的事情發生了，經模擬得出的結果顯示，總成本反而增加。經過進一步探討才發現，若依大多數索賠初步調查的狀況來看，該公司無法憑藉勝訴足夠的案件，來抵消所增加的訴訟成本。於是，這位副總裁取消了這項構想。

我們往往難以抗拒誘惑，常囿於短暫的理想、信仰與決心，而無法主動積極地進行細密的整體規劃；當「羊」一天天減少，再回過頭來「補牢」，已是為時已晚。而真正具有前瞻性的積極行動，除了正面的想法之外，還必須更全面地深思熟慮，透過模擬、分析來重新檢視所有立意極佳的構想，看清我們不易覺察的缺陷，從而趨利避害。

專注於個別事件

我們的日常生活都被「事件化」了，我們的談話內容由各類「事件」組成，如：上個月的銷售，新的預算削減，這個月的薪資延期發，誰剛獲得晉升或被開除，競爭者剛宣布的新產品，公司的新產品宣布延後推出等等。發達的媒體更是強化了「專注於事件」的傾向，再重要的事件，過不了兩天就被新事件所掩蓋。專注於事件又導致了對單一事件的「過度解讀」。當然，適當的解讀在一定範圍內或許是真實且實用的，但是它們會分散我們的注意力，使我們未能以更長遠的眼光來看清事件背後變化的樣貌，並且未能了解變化產生的真正原因。

隨著周遭環境快速變化，我們的思考模式也必須革新，否則就顯得不合時宜，但改善思考模式並不是要專注於這些個別的事件，被這些不斷變化的事件牽著鼻子走，而是要積極主動地進行系統性的全面思考，而不是機械性的片面思考。如果我們仍只專注於個別事件，就事論事，最多只能在事件發生之前加以預測並應對，而永遠無法學會如何創新和創造性的學習。

看不出緩慢、漸進的過程

為什麼放進溫水中的青蛙會慢慢被煮熟呢？因為青蛙內部感應生存威脅的器官只能感應出環境中激烈的變化，而對緩慢、漸進的變化束手無策。再想想，交通是突然壅塞的嗎？健康狀況真的會突然惡化嗎？企業是突然破產的嗎？都不是，都是緩慢形成的。

在現代企業和社會中，生存的主要威脅並不是出自突發的事件，而是緩慢、漸進、無法察覺，甚至是非線性的變化過程。可惜我們總是捨本逐末，片面思考，便愈治愈亂，愈管愈糟。我們的思考易於察覺快速而劇烈的變化，因此很難察覺潛移默化的改變。要學習看出緩慢、漸進的過程，必須放慢我們認知變化的步調，並特別注意那些細微以及不太尋常的變化。有的企業沒有危機意識和預警機制，察覺不到緩慢而來的致命威脅，環境一有變化自然措手不及，嚴重的話甚至走向衰落或破產。因此，我們必須學習察覺危機構成的因素，留心那些漸進式的改變，否則無法避免溫水煮青蛙的命運。

經驗帶來的錯覺

實踐出真知，最有效的學習常常來自直接的經驗，我們在採取某個行動之後，往往先看後果，再採取下一步。試想，如果我們無法立即觀察到自己行動所產生的後果該怎麼辦？如果我們行動的後果要隔一段時間才發生，或是發生在不直接相關的部門，我們如何從經驗中學習？從經驗中學習是有其極限的，任何行動在時空上都有其有效範圍，在一定範圍內我們能評估行動是否有效；當我們行動的後果超出了這個時空的範圍，就很難直接從經驗中學習了。就像刻舟求劍故事中的那個人，當時、空都物換星移，再按舟上自己所刻的標記去找劍，只是徒留笑柄。因此再好的經驗也要因時制宜、因地制宜，當時空均已改變，而我們的思考模式還沒有跟上變化並改善，那經驗反而阻礙我們，讓我們困於其中，不能自拔。這對於所有想成功的管理階級來說尤為重要。

對於企業來說，能從經驗學習當然是最好的，但企業內部所做的許多重要決定，對企業整體的影響可能長達幾年或幾十年。例如研發部門所做的決定，首當其衝的卻是銷售與製造。新的生產設施與投資流程對品質與交貨可靠性的影響，可能長達十年或更久；選用新人擔任主管職位，對於策略與企業文化的塑造，更會有多年的影響。這些都是難以從經驗中學習的。循環的週期如超過一年或兩年，我們就難以看清其中反覆出現的現象，因而從中學習就比較困難。對於這些決策，如果硬要套用經驗，那麼就可能會造成反效果，而傳統分工的企業結構設計更加劇了從經驗中學習的困難。

管理層的迷思

「管理層」通常是指由不同部門的一群有智慧、經驗和專業能力的管理階級所組成的團隊。這裡的「迷思」指的是企業內主管層出現的「貌合神離」、「一言堂」、「反應遲鈍」以及在階級中「誰權力大就聽誰的」等現象。照理來說，管理層聚集了一批專業人才，應該能將企業跨部門的複雜問題理出頭緒，但為什麼仍會出現「迷思」呢？

管理層中的成員往往把時間花在爭權奪利上，或避免任何使自己失去顏面的事發生，同時佯裝每個人都在為團隊的共同目標而努力，維持一個企業團結和諧的表象。為了符合這樣的團隊形象，他們設法壓制不同的意見，保守的人甚至避免公然談及這些歧見，而共同的決定也是眾人妥協的結果 —— 反映出每一個人勉強能接受的底線或是某一個人強加於群體的決定。如有不一致，通常是以責備、兩極化的意見呈現出來，而無法讓每個人找出隱藏的假設與經驗背後的差異，從而使整個團隊失去學習力。

愛因斯坦有言：「我們面臨的重大問題，沒有辦法靠製造這些問題的思考方式來解決，我們必須換個腦筋。」系統性思考將協助我們看清阻礙學習的因素，而改變的關鍵卻在於思考模式的轉變。

19. 避免學習過程中的常見錯誤

當代職場中，時時「充電」，日日進步，才能讓自己保持競爭力。只是，對每個職場人士來說，每個人的發展目標不同，每個人都處在不同的職業生涯發展階段，如何「充電」還得細細思量，否則一不小心，提升自我不成還更退步。

一般來說，職場人士的「充電」大致分為兩類。一種是提高個人能力的，譬如時間管理、溝通技巧、團隊合作能力的培訓等，這類培訓是長期的、持續的，也是通用的，在職業生涯的各個階段都需要。這類培訓常常是由企業為員工統一安排。另外一種則是專業方面的培訓，如學習管理學、新的技術等，這類培訓常常是個人為提高自己的專業或業務能力而進行，因而一般也是由個人自行制定方案。前一種培訓可以說是錦上添花，而後一類的培訓，常常與所從事的行業、職業有更加密切的關係，如果無法認清方向，反而不利於個人發展。

第四章

專業技能的高效培養

人，本來就不是完美無缺的。既有所長，也有所短。要想使每個人最大限度地發揮各自的才能，使之成為得力的合作者，就要揚其所長，避其所短，讓他們在各自擅長的領域裡大顯身手。

——〔日〕德田虎雄

01. 成為高效技術型員工

技術型人才就是既掌握著高階技能，又將其技能很好地與現代知識技術相結合的專業人才，這類人才又被形象地稱之為「現代工匠」。在仍以製造業為主的經濟社會中，成為「現代工匠」無疑於捧著「金飯碗」。在今天，傳統木匠發展成家居裝潢設計、維修家具的木工師傅；水泥工進階成現代廚房和衛浴設備安裝、維修的水電工；鐵匠成了機械工藝與設計技術、工廠設施維護技術的技術工人；石匠則成為景觀綠化設計、城市雕塑、寶石設計與加工的專業匠人；傳統的電工師傅也成為電器維修員、燈光師、音控、電腦和手機維修師等科技設備維修工人。他們的出現因應了現代社會經濟發展的需求，同時又推動了社會經濟的健康發展。現代企業需要的就是這樣的「現代工匠」。

對於現代企業來說，人才缺乏是其發展的最大阻礙。缺乏人才，企業就很難快速發展和壯大。這種人才不僅僅指知識型員工，同樣包括技術型員工，尤其在一些以製造和加工為主的企業裡，技術型人才是廣受歡迎的。面對技術型人才的嚴重缺乏，企業與其坐在那裡等待人才上門，還不如儘早開始培訓內部的技術人員，使之具備職位要求的知識和技能，並且能夠及時更新其知識和技術。只有在職位上鍛鍊並成長的技術型員工，才能清楚企業的設計方向、生產工藝和製作流程，從而更加適應企業發展的需求，推動企業發展得更好。

現代企業對人才的需求最注重的是能力，而不僅僅是學歷。正因為社會中存在著「重學歷，輕能力」、「重知識，輕技術」的徵才現象，才導致了技術型人才得不到應得的社會地位和相應的價值回報，因而出現其供不應求的現象。知名汽車零件公司在挑選人才時，看重的並不是高學歷，而是技術的高低，其培養的學徒在具備專業理論知識的同時，還具備熟練的操作技能，他們在操作、研發、創新方面都為企業做出了很大的貢獻，推動了企業的技術革新和進步。

大到一個國家的發展，小到一個企業的生存，技術支援都是不可或缺的，而技術產業的發展正是由素養良好的技術工人來支撐和實現的。技術工人素養和技術的高低，離不開職業培訓，同時也仰賴企業自身的培訓。技術培訓的失敗，必然會導致企業發展不景氣，甚至還會影響國家的經濟表現。

因此，不僅現代企業，就連國家經濟發展也同樣離不開「現代工匠」。

02. 技術型員工的價值深探

在知識經濟時代，人才的價值在於更多地推動科技創新，把科技轉化為生產力。但一直以來，人們總認為「那些掌握和運用知識或資訊工作的人」，即知識型人才，也就是人們通常所說的白領階級，在社會發展中作用更大，並且在社會中對人才的評價也存在著這樣的現象 —— 亦即上述所說的「重學歷，輕能力」、「重知識，輕技術」。

然而，現實中的求才現象是這樣的：A 地某公司徵求一般職員，月薪三萬多元難覓良才；B 地一家工廠開出近五萬元月薪，仍未能如願地找到高級鉗工；C 地一家企業用十萬月薪聘請高級技工，結果未能如願；D 地一家企業開出年薪百萬元聘請高級技師，也未能如願；E 地機械工廠訂單非常多，但由於缺乏高級技師，一天只能開工一班；機械工程師的月薪已從十萬元成長到近十五萬元左右，對於那些技藝嫻熟的機械工程師，已有企業將月薪開到二十萬元以上。

另外，據調查，高級技師只占 0.41%，技師只有 3.1%；而在德國，高級技術人才高達 70%，日本也在 40%以上。

從這些數字裡，技術型人才的價值和其緊缺現狀可見一斑。如今社會，缺乏技術型人才，已經成為一些企業發展面臨的最大難題，而技術型人才整體數量也遠遠無法滿足經濟社會發展的需求。有專家已經找出：高技術型人才的短缺已成為嚴重影響到經濟持續健康發展的重要因素之一。

究竟何謂技術型人才？技術型人才通常是指企業中，在生產或服務一線從事那些技術門檻和勞動複雜程度較高之工作的高級技術工人和技師。他們在工作中不僅要動腦，更要動手，既要具有豐富的知識和創新能力，又要具備熟練的操作技能。

美國經濟學家勞勃·萊許（Robert Reich）在《國家的作用》（*The Work of Nations*）一書中，劃分了勞動力種類，其劃分方式為：從事大規模生產的勞動力、個人服務業勞動力以及解決問題的勞動力。其中，解決問題的勞動力就是現在人們所說的「白領」，即知識型員工。相對白領而言，藍領就是指生產一線上的勞動工人。隨著科學技術的發展，現代化機械生產程度的不斷提高，社會對藍領的需求量正呈逐年下降趨勢。與此同時，介於「白領」和「藍領」之間的具備知識和技能的複合型人才逐漸崛起，並越來越受到社會的認可和重視，對其需求程度也日漸成長；人們將這一階層稱之為「灰領」，即技術型人才。據專家預測，這種「灰領」人才將逐步成為社會勞動力的主體。

根據工作行業和其性質，「灰領」可以指在製造業生產一線從事高技術操作、設計或生產管理，以及在服務行業提供創造性服務的專門技術人員。比如核能製造業中的各種技術工程師，包括 IT 產業的軟體開發工程師、電子工程師等，還有廣告創意、服裝設計、裝飾設計師、動漫畫製作等，甚至像飛行員、太空人、外科醫生等這些過去無法明確界定的職業，如今都被歸類為「灰領」。

相較而言，「灰領」與「白領」的不同之處就在於「灰領」一般不是企業的最高管理者，不處於企業的高級管理層，不直接管理企業，而企業的經營者和管理者大都由知識型員工擔任。直接一點說，在一個公司裡，「白領」的任務是決定要做什麼事情；「灰領」的任務就是決定該如何做事，它包括產品設計、制定生產流程等，甚至是具體的生產工作。

由於灰領從事的行業技術性很強，所掌握的大都為高階技術，因此他們的薪水也比較高，有些甚至比普通白領的薪資還要高，並且他們的薪資水準能夠長期處於比較穩定的狀態。某些灰領的月薪在八萬至十萬元之間，另外一些新興的行業裡，如動漫畫、遊戲製作等收入可能更高。從灰領的月薪收入來看，不難發現灰領的價值。

在現代企業裡，「灰領」同樣是一股不可輕忽的力量。專家指出，目前工業仍以製造業為重心，財政收入的一半仍來自製造業，將近一半的城市人口的就業機會是由製造業提供的。隨著經濟的發展，製造業有更強的國際競爭力，而「灰領」人才在製造業中有著無可替代的作用。他們是生產分工中的重要階層，在生產過程中起著紐帶和環節的作用，他們是把藍領和白領有效連線起來的技術人才。「灰領」往往在設計藍圖轉變為實際產品的過程中起到至關重要的作用。他們不僅是生產環節中的操作者，還是整個生產環節的組織者，同時他們大都具備很強的技術革新、開發突破瓶頸、改進專案的能力。他們能夠針對需求，有效帶動和組織、協調其他技術人員一起突破瓶頸，把精密的設計圖紙變成具體的優質產品。「灰領」人才因為其具有較高的一線生產、服務、技術管理等多職位適應能力，所以他們具有較強的發展潛力和創新意識，能適應市場對人才資源結構的需求。

03. 社會對實用技術型員工的需求

現代企業技能型人才嚴重匱乏，要找到其根源所在，就如同看病需要找到病灶一樣，只有找到原因，企業才能做到對症下藥，開展相關培訓，為企業培養實用技術型人才。造成技術型人才匱乏的原因通常是多方面的：

第一，社會對高技術人才的價值判斷錯誤。調查結果顯示：有52.7%的人認為技術人才的社會地位不高，不受尊重；22.7%的人採取漠視態度，不關心技術人才的地位問題。只有24.6%的人認為技術人才目前的社會地位和其他人才一樣平等，應受到尊敬。對於「是否願意送自己的子女就讀技職學校」這一問題，有67.7%的人表示不願意。這種「唯有讀書高」的觀念造成了此類人才的流失和後繼無力。

第二，企業普遍沒能及時調整人才培養策略，對於高技術人才培養的資金投入不夠，只重視學歷亮眼與否而忽視技術教育，而且也沒有設立員工培訓基金。到目前為止，這一企業管理體制大多已進入改革階段，但其影響依然存在，可以說這是社會長期「重知識，輕技術」這一偏差觀念的產物之一。

因此，企業的用人觀念不應再以學歷和知識為唯一標準，要丟掉這種「學歷即能力」的人為觀念，尤其是製造業更要真正地重視技術型員工，看重他們的需求，尊重和認可其價值，並對其進行有效的培訓，最終使之適應企業發展的需求。

第三，技術型人才嚴重匱乏的現象，也凸顯了技職人才教育和培訓落後的情況。部分技職學校教育制度陳舊，師資和硬體設備都很難適應新的社會要求。針對這一情況，要想聘用更高水準的專業人才，企業自身的培訓工作在所難免。

04. 實用專業技能的培養

一個人專業技能素養的高低取決於他的興趣、能力和聰明程度，也取決於他所能支配的資源及其制定的事業目標，擁有多種技能的人才有更多的工作機會。但是，由於經濟發展前景的不穩定，掌握對事業有所幫助的技能就顯得尤為重要。那麼，我們應該掌握哪些技能，才能適應日益發展的社會需要、提升我們的職業素養呢？

解決問題的能力

每天，我們都要在生活和工作中解決各式各樣的問題。那些能夠發現問題、解決問題並迅速做出有效決斷的人，他們在勞動力市場上的行情將持續升溫，商業經營、管理諮詢、公共管理、科學、醫藥和工程學等領域對這類人的需求量會越來越大。

專業技術

當代人類活動的所有領域都需要技術為基礎。工程、通訊、汽車、交通、航空和太空領域需要大量能夠安裝、除錯與修理電力、電子和機械裝置的專業人員。

溝通能力

所有的公司都不可避免地面臨內部員工如何相處的問題。一個公司的成功很多時候取決於全體職員能否團結合作。因此，人力資源經理、人事部門官員和管理決策部門必須盡量了解職員的需求並在許可範圍內盡量予以滿足。

電腦程式設計技能

如果你能夠利用電腦程式設計的技能滿足某個公司的特定需要，那麼你獲得工作的機會將大大增加。因此，你需要掌握 C++、Java、HTML、VisualBasic、Unix 和 SQLServer 等程式語言。

資訊管理能力

資訊是資訊時代經濟系統的基礎。在絕大多數行業，掌握資訊管理能力都是必需的。系統分析員、資料技術員、資料庫管理員以及通訊工程師等掌握資訊管理能力的人才將會受到市場的青睞。

理財能力

隨著人類平均壽命的延長，每個人都必須仔細稽核自己的投資計畫以保證舒適的生活以及退休後的經濟來源。投資經紀人、證券交易員、退休規劃顧問、會計等職業的需求量也將繼續增加。

培訓技能

現代社會中，一天會產生和蒐集到的資料可能比古代社會一年的量還要多。因此，能夠在教育、社群服務、管理協調和商業方面進行培訓的人才的需求量逐年增加。

科學與數學技能

科學、醫學和工程領域每天都在取得嶄新的進展。擁有科學和數學天賦的人才的需求量也將驟增，以應對這些領域的挑戰。

外文交際能力

掌握一門外語將有助於你得到工作的機會。至今依舊熱門的外文是英文、日文、韓文、法文和德文等。

商業管理能力

在經濟飛速發展的今天，企業管理人員能夠準確掌握運作一個公司的方法是至關重要的。這方面最核心的技能其一是人員管理、系統管理、資源管理和融資的能力；另外，也要了解客戶的需求並迅速將這些需求化為商機。

05. 更新技術知識的原則與策略

「學習、學習、再學習」已經成了現代人的某種生存理念，只有終身學習，才能時時進步。企業為技術型員工開展技術知識的更新培訓就是為了適應社會的變革，讓不斷更新技能、知識的技術型員工成為企業進步的主要動力。這就等於是要求企業：要完善企業培訓系統，打造學習型團隊，並根據行業目前發展狀況，以及對行業發展前景所做的判斷，去合理地安排員工技術培訓的內容和課程。培訓要具有前瞻性，而不落後於現實發展，延宕的技術知識不僅不能為企業帶來良好的收益，反而還造成巨大的浪費。因此，技術型員工的培訓要遵循一定的原則，建立合理的人才培訓機制，加強創新型、複合型人才的培養。

創新性原則

現代重視創新，創新意識和創新能力成了各行各業生存發展的主要動力。在競爭激烈的現代社會裡，沒有創新能力的企業很難獲得發展的機會，因此企業對技術型員工更新技術知識首要遵循的就是創新性原則。

創新性原則要求企業培訓要根據形勢發展的需求和各行各業自身發展的現況，與時俱進地確認培訓內容和方式，以創新發展為技術知識更新的主要目的，實現以新知識、新技能為特徵的技術創新管理。簡言之，根據行業的發展，更新學習內容，更新技術知識，甚至更換工具，以提高企業員工創新精神和創新能力。

超前性原則

當代的技術知識瞬息萬變，連技術更新速度也日益加快；在這種情況下，企業要想獲得良好的培訓效果，對技術型員工開展超前的技術知識培訓和實作鍛鍊是必要的。超前性原則要求培訓師除了結合企業自身特點和要求之外，也要結合當前經濟發展趨勢與潮流，分析行業未來發展的方向和需要，以確定企業技術型人才的培訓內容。

因此，企業要想立於不敗之地，就必須使內部員工掌握最新的科學研究成果，掌握最新的工藝技術，熟練操作最新的生產設備，而這一切都要求企業主管具有超前意識。但並不是所有的「超前」都是可取的，面對眼花撩亂的知識和技術，不要拿來就用，要經過認真地分析和篩選；適合自己的去積極吸收利用，不適合自己的即使它再先進也不要盲目學習，否則既浪費了時間和精力，又起不到任何效果。

目標性原則

企業都有自己明確的發展策略和目標，技術型員工為更新技能的培訓目標要與企業的整體目標保持一致。有了同一目標的指引，不但能激發員工學習的動力和緊張感，也能呼應實際狀況。企業應對不同階層、不同職位的員工設定不同的階段性目標，制定相應的培訓內容，有計畫、有步驟、分階段地開展技術型員工的培訓。

示範性原則

更新知識不單單是技術型員工這一群體的事情，而是一個團隊乃至企業整體的事情。身為企業的領導者和管理階層，同樣需要接受培訓，以此表率，讓其他員工看到企業發展的決心和信心，從而更主動熱情地投入到培訓中去，形成全體員工共同學習的美好局面。

互動性原則

這一原則至關重要，結合技術型員工實作能力強的特點，在培訓過程中，要注意理論與實踐是否彼此相合，更應重視實踐層面，在實作中講解相關理論知識，這樣會更容易被員工理解和接受。同時，由於知識和技術的更新具有一定的難度，在培訓過程中應引導員工互相啟發、激勵，共同學習，共同進步。

06. 對更新技術知識培訓之互動性的誤解

過分注重趣味和遊戲性

培訓過程中，有些培訓人員感覺現場氣氛太沉悶，為了炒熱場面，就盲目地辦活動或玩團康遊戲。一些受訓者對此也許會感興趣，而本來不把培訓當一回事的人也會積極參與到活動中去。但「熱鬧」過後，想一想剛才那個活動和培訓內容有什麼關係呢？關係似乎並不大。

適當的互動是培訓過程中需要的，而那些和培訓內容相關的活動也確實能讓受訓者有深刻的體會。但盲目地玩一些和培訓工作沒有任何關係的小遊戲，不僅浪費了員工的時間，也浪費了企業的金錢，沒有實質上的幫助。

過分追求宏大場面和熱烈氣氛

有些人認為，只有在培訓過程中玩遊戲、角色扮演、分析案例和辯論等培訓方法，讓現場出現「人人有話說、人人有戲演」的宏大場面和熱烈氣氛，才能達到培訓的效果。因此在培訓過程中，培訓導師按照具體的互動類別來安排和提供課程，對每一次培訓必須玩多少遊戲、分析多少案例等事先都明確規定。

這種做法反映了培訓過分追求形式上的互動，而忽略了培訓效果。當然，這些互動形式都是很好的培訓方法，尤其對技術型員工來說，這些培訓方法的運用是必不可少的。但不可過分強調，要根據實際需要決定該用哪種，而不該每一種都出現，否則就會過猶不及。要明白它們只是培訓的手段，而不是目的，更不能把它們當作營造場面和氣氛的工具。

過分在意培訓時長

有些培訓人員認為，如果培訓時間太短，就無法形成有效的互動。這同樣是對培訓互動性的誤解。

這種觀點其實就是「為互動而互動」，而非真正聚焦在培訓主題及需求上。在他們看來，培訓內容是次要的，關鍵就是要「互動」。然而這種勉強的「互動」是培訓工作中最要不得的。

培訓活動中的互動性，目的最終是為了強調受訓者參與性，而這種「為互動而互動」的做法則完全脫離了培訓的根本原則，難以對員工有所助益。

07. 靈活更新技術知識的途徑

技術型員工的培訓需靈活進行，培訓方式大致可分為討論式、主講式、沙龍式和娛樂式四種主要形式。

討論式是針對培訓過程中的某些問題展開討論或者辯論，這種培訓形式可以活躍氣氛。

主講式以培訓導師講解為主，但可以讓受訓者彼此交流，提出問題。

沙龍式培訓方式需要有合適的場所，進行較輕鬆活潑、形式多樣的培訓活動。

娛樂式則比較活潑，主要方式是將知識與技能的講解和小遊戲結合起來。對技術性較強的培訓課程，可以模擬實際工作環境，在培訓中開展各項競賽，使培訓產生激勵作用。

這四種培訓方式可以根據技術型員工的所屬部門加以選擇、應用，比如沙龍式培訓可能更適合「灰領」人才，而對生產線上的技術工人可能就會偏向娛樂式的培訓方式。究竟該選擇何種培訓方式，需要企業培訓人員結合各方面的因素考慮後再確認。即使選擇了其中一種，也可以選擇其他的培訓方法為輔助，以靈活多樣的培訓方法來更新員工的技術知識。

專業技術人才知識的更新培訓，倡導各大企業根據各自工作的實際狀況，探索符合專業技術人才之特點，且又簡便有效的多種培訓方式：

1. 集中培訓。有條件的部門、行業和公司可以組織相關專業技術人才進行一定時間的集中培訓。
2. 高級研修班。各級人事部門可結合公司發展策略、專案和突破工作瓶頸等課題，為高階專業技術人才舉辦多種形式的研修班。
3. 結合實踐。各營業據點、部門、行業和相關公司可根據實際工作的需求，對重要和特殊職位的專業技術人才採取業務進修、特殊培訓、學術交流、實踐鍛鍊、技術考察等多種方式進行教育培訓。
4. 網路、遠端教育培訓。即藉助電視、網路等通訊和視聽媒體，實現異地互動的一種教育培訓方法。依託現有的培訓資源，充分利用網路、廣播、電視等現代化遠端教育手段，協助專業技術人才進修。遠端人員彼此之間是可視的，而且可以實時溝通。
5. 自學。根據專業技術人才的不同需求，採取自選、自修等方式進行個性化的教育培訓。根據行業特點和不同類別人才的實際需求，也可以採用其他多種形式，為專業技術人才進行培訓。即使是集體培訓，也要強調自學的重要性。企業既可要求員工透過網路自學，也可指定甚至提供學習資料，提倡或要求員工利用業餘時間進修。

08. 精進專業技能的路徑

無論從事什麼職業，只要想在該行業中站穩腳跟，做出一番成就，就必須具備精到的專業技能，而且還要以精益求精的態度不斷提高自己的專業技能。專業技能的高低對於員工在這個行業中的成長道路具有關鍵作用，任何人都不可能脫離專業技能之本而空談成長，所以大家一定要精益求精自己的專業技能。

專業技能的高低決定了你在實際工作中能夠創造的價值大小，從而也決定了你日後的發展。如果你對工作抱持敷衍了事的態度，不願意潛心提高自己的能力，那麼你就很難在工作中成長，獲得成功。

如果你幾經考慮選擇了某一行業，就不要輕易改變自己的選擇，一旦你做出了決定就要對它付出最大程度的熱情，並為之付出百分百的努力，使自己的專業技能日益精湛。唯有這樣，才會激發你的鬥志，你才能全力以赴地投入工作中，也只有這樣你才能在工作中獲得成就感與滿足感。透過不斷提升自己的能力，方能使自己的成長之路更加順遂，也使為自己提供工作機會的企業更上一層樓。

09. 勤奮鑽研，方能成就專家

許多人都曾為一個問題感到困惑不解：明明自己更有能力，但是成就卻遠遠落後於他人？不要疑惑，不要抱怨，而應該先問問自己一些問題：

自己是否像畫家仔細研究畫布一樣，仔細鑽研過職業領域的各個細節問題？

為了增加自己的知識量，或者為了使自己在工作中創造更多價值，你認真閱讀過專業方面的書籍嗎？

如果你對這些問題無法做出肯定的回答，那麼也許這就是你無法取勝的原因。

無論從事什麼職業，都應該精通它。勤於鑽研，下定決心掌握自己行業領域的所有問題，就可以使自己變得比他人更優秀。一旦你成為自身職務的行家，精通自己負責的全部業務，自然能贏得良好聲譽，如同擁有一種使你脫穎而出的祕密武器。

當你精通你的業務，成為你那個領域的專家時，你便具備了獨屬於己的優勢。

成為專家要盡快。

這裡我們雖然強調「盡快」，其實沒有一定的時間限制，但要越早越好。兩年不算短，五年也不能說長，完全看你個人的資質和客觀環境。但如果拖到四、五十歲才成為專家，總是慢了些。因為到了這個年齡，很多人也磨成專家了，那你還有什麼優勢可言？因此「盡快」兩個字的意思是——出社會後，一入行就要毫不懈怠，竭盡全力地把本業鑽研清楚，並盡可能成為其中的佼佼者。如果你能這麼做，很快就可以超越其他人。

那麼怎樣才能「盡快」在本職領域中成為「專家」呢？

首先，選定你的行業。你可以根據所學來選，如沒有機會「學以致用」也沒有關係，很多有成就的人所取得的成果與其大學時讀的科系並沒太大關係。不過，與其根據科系來選，不如根據興趣來定。不管根據什麼來選，一旦選定了這個行業，最好不要輕易轉行，因為這會讓你中斷學習，降低效果。每一行都有其苦樂，因此不必想得太多，關鍵是要把精力放在你的工作上。

其次，勤於鑽研。選定行業之後，接下來要像海綿一樣，廣泛攝取、拚命吸收這一行業中的各種知識。你可以向同事、主管、前輩請教，這也是一種學習方式。另外可以接收各種報章雜誌的資訊。此外，參加專業進修班、講座、研討會也是不錯的選擇。也就是說，要在你所做的這一行中全方位地深度發展。

最後，制定目標。你可以把自己的學習分成幾個階段，並限定在一定時間內完成學習。給自己適當的壓力，可迫使自己進步，也可改掉自己的壞習慣，鍛鍊自己的意志。最後，你可以適度展示自己學習的成果，不必急於「功成名就」，但一段時間後，假若你學有所成並能在自己的工作中有所表現，必定會受到主管青睞。

最重要的是，成為「專家」之後，你還必須注意時代發展的潮流，且要不斷進步、提升能力，否則就會像他人一樣停在原地，使你的「專家」稱號大打折扣。

第五章
高效競爭觀念的培養

在競爭激烈的世界中，你付出多一點，便可贏得多一點。就像奧運的短跑比賽一樣，雖然是跑第一的那個贏了，但比第二、第三的也只勝出少許。只要快一點，便是贏。

—— 李嘉誠

01. 培育具有競爭意識的員工

現代社會各個領域中充滿了競爭，已成為當代十分普遍的現象。從考試升學到體育競賽，從經濟到政治、文化科技，從國內到國際等等。競爭在我們的社會中可說是無處不在。我們的社會因競爭而充滿生機與活力，也因競爭才不斷發展與進步。

在市場經濟中，有競爭就必然會有各種風險。企業在市場競爭中會有破產、倒閉的風險；員工在勞動力市場競爭中有失業、被淘汰的風險。從這個角度來說，具備一定的競爭和風險意識，就成為個體和企業在市場經濟中賴以立足和發展的必要條件，同時，它也是市場經濟制度得以順利運行的前提。

市場經濟就是優勝劣汰的經濟，企業要想從瞬息萬變、險象環生的商戰中生存下來，除了競爭還是競爭！如果企業不會競爭，不敢競爭或缺乏競爭意識，在生意上讓對手占先機，那麼會因此付出沉重的代價。

有這樣一個故事：矽谷著名的甲骨文公司舉行市場行銷人才應徵會。前去應徵的蘇珊是學市場行銷的，她一直夢想能進入甲骨文公司工作。

當時來這家公司應徵的人很多，而安排給應徵者等待的座位卻很少。蘇珊見有些應徵者遠道而來，便主動讓出座位，讓他們先面試。等到她面試時，那家公司的負責人雖然滿意她的履歷，但認為她過於謙讓，可能無法適應激烈的市場競爭，決定不錄取她。

蘇珊對甲骨文公司如此選才困惑不已。甲骨文公司的面試官解釋說：「謙遜禮讓的確是傳統美德，但要看場合而定；面對激烈的市場競爭，公司更需要銳意進取的員工。這次公司招募的人將被派到海外開拓市場，如果過於謙讓，將會失去行銷良機。」

自古以來，人類總是生活在各式各樣的競爭之中，如果缺乏競爭意識，自然就不會有奮鬥和進取的動力。這樣的人是逃不過被淘汰的命運，庸碌一生的。要知道，未來永遠屬於具有競爭意識、勇於且也善於競爭的人。

美國著名經濟學家曾指出：「一個公司一旦不再面對真正的挑戰，它就會很少有機會保持活力。」他認為，最成功的是那些有很多競爭對手的公司，最不成功的是那些極少面臨嚴重競爭的公司。因為存在競爭，公司和員工不得不有更高水準的表現，從而變得更敏銳、更出色。競爭使一個人變得精明強幹，使他不斷尋求新的方法解決問題。

有位管理大師針對競爭有過一番精彩的談話，他說：

「有很多人的生活得過且過，毫無競爭之心，最後鬱鬱而終。對於這類人，我只感到悲哀。打從做生意以來，我一直感激我的競爭對手。這些人有的比我強，有的比我差，但不論其優劣，他們都令我跑得更累，同時也跑得更快。事實上，腳踏實地的競爭，是一個企業賴以生存的保障。因為有競爭，我們的企業更具現代化，員工受到更多的訓練，生產規模亦隨之擴大。因此，競爭比榮耀、野心、利益更能推動一個企業的業務發展。」

這段話道出了競爭的哲理。身為一個員工，只有勇於並善於參與市場競爭，才能獲得成功的機會。

02. 有效競爭的正確策略

無數公司曾創下高速發展的奇蹟，但隨著規模漸漸壯大，效率反而越來越低，執行力越來越差，營運成本越來越高。這是什麼原因呢？

事實上，類似的困惑並不少見。隨著市場競爭的加劇，尤其是資訊化等手段的普及，企業所面臨的內外環境都發生了深刻的變化。從外，市場競爭法則在變，大魚吃小魚，快魚吃慢魚，挑戰多的不可勝數。在內，則是企業成本居高不下，效率又低落，難以滿足市場競爭對企業營運的需求。那麼，該怎樣改變這種狀況呢？

贏在溝通

有人說，一個職業人士的成功因素75%靠溝通，25%靠天才和能力。學習溝通技巧，可以使我們在工作中左右逢源，生活過得更和諧，在事業上所向披靡。

著名諮詢公司埃森哲曾做過一項調查，該調查採訪了來自多個行業的 15 家企業中 70 多位高級主管。根據三年、五年、七年的整體股東投資報酬率來判斷，這些企業是不折不扣的「高績效企業」。調查涉及策略和領導力，以及人員培養、技術能力、績效評鑑和創新等各個方面。調查發現：高階主管需要充滿熱情地闡明那些不僅使公司有別於競爭對手，而且能讓公司內部員工產生共鳴的價值觀。

這種演講正是眾多溝通方式中的一種。透過溝通，管理層希望傳達的東西才會走進員工心裡，企業的策略、企業文化才能被有效率地執行。一句話，只有透過種種溝通，才能提高主管決策力、團隊執行力和企業競爭力。

關注溝通

但是，並不是注意溝通，就能解決所有問題。在溝通中，有個重要和關鍵的因素，就是溝通成本。溝通成本包括貨幣成本、時間成本、企業成本和經營成本。在某種程度上，它直接決定了溝通的效率與效益。隨著通訊技術的飛速發展，人們可以選擇的溝通方式也變得多元而豐富。比如即時資訊處理，VoIP、電話、傳真、電子郵件等等，但溝通效率卻沒有跟著水漲船高。

應該說，即時訊息、郵件、VoIP 等溝通方式，和傳統單一的語音通話或者文字溝通相比，效率的確已經大大提高，也降低了成本。但是，整體來說並沒有為企業的溝通方式帶來深刻革命。相關調查顯示，在溝通中，只有文字、語音和影像合一的影片，溝通效率是最高的。倘若分開來說，人的視覺溝通效率又是最高的。但遺憾的是，由於物理距離等原因，許多涉及影片的溝通，在相當長的時間內還無法實現。因此，企業溝通上的方式儘管多樣，也為此花費不少費用和精力，但是效果依然乏善可陳。為此，多數企業不得不頻頻召開勞民傷財的傳統會議。

顯然，企業希望創新、革命性的溝通方式，來給予企業溝通全新的效率和力量。而目前廣受歡迎的視訊會議，無疑成為企業期待已久的溝通利器。

創新溝通

視訊會議，是指透過網路來遠端實現影像、聲音和資料的傳輸，即聞其聲，又見其影，還可共享資料，從而達到堪比面對面溝通的效果。與此同時，又大大節省了傳統的會務、費用、時間成本，效率也更高。

有家知名鋁型材料廠，實現了產品90%外銷出口的實績，產品遠銷東南亞、澳洲以及北美等地。其中，海外業務的出色拓展，和其便捷的海外溝通不無關係。該廠就採用了一套視訊會議系統，透過網際網路，就可以隨時召開跨國會議，聲音、影像和資料合一，溝通效率很高。而且並不產生跨國會議的鉅額差旅等費用和時間成本。「有了視訊會議，想和誰溝通就和誰溝通，會想開就開。」該廠相關負責人如此形容視訊會議帶來的立竿見影的好處。

相較傳統以及單純的文字溝通等溝通模式，視訊會議帶給企業的，首先是溝通效率的提高。一方面，聲音、影像和資料的立體溝通，效果本身就更勝一籌；另一方面，視訊會議的召開也更容易，而無須如傳統會議般籌備。其次，是節省成本。視訊完全免除了傳統會議所需要的時間和費用成本。這對處於當今嚴酷的市場競爭中的企業而言，無疑是開源節流的最佳利器。

調查顯示，視訊會議在管理溝通中的作用也不容低估。能解決許多企業成長過程產生的種種問題，提高營運效率、節約成本、加快響應的速度，以及提高競爭力。

面對不斷變化的內部和外部環境，以及嚴酷的市場競爭和客戶不斷革新、變化的需求，企業要如何才能贏得自己生存和發展的機會？也許，從最基本也是最本質的問題，從溝通開始，一切都將產生神奇的變化。

03. 提升自身競爭力的方法

工作如同爬山，當你登上某個高峰後，前面還有另一個高峰等你攀登。如果你就此停住腳步，那麼腳下的這個高峰就是你事業的終點；如果你不畏艱難險阻，繼續攀登下一個高峰，那麼腳下的這個高峰就是你開闢嶄新事業的起點。

當每一個任務結束，我們都心安理得地為之畫上一個圓滿的句點，同時把這個句點當成下一次任務開始的起點，然後從零開始為下一次任務的圓滿完成繼續努力。這是一種境界，是善於成長的卓越員工力爭達到的一種境界，達到這種境界需要不斷突破自我的勇氣，同時還需要銳意進取的敬業精神，當然還需要不畏艱難的執行力。唯有達到這一境界，才能不斷提升自身的競爭力，使自己在激烈的職場競爭中總是居於不敗之地。

不斷提升自身競爭力，首先需要的是一種結束過去、從頭開始的勇氣。如果沒有這份勇氣，當然也沒有其他讓人成功的因素，這些因素主要包括前進的動力、必勝的信念、腳踏實地的特質和堅定的意志。這種勇氣是一切成功要素的基礎，缺少了這一根本要素，成功只會遙遙無期。

雖說提升自身的競爭力絕對不是每個人都能輕易做到的，但真正做到這一點的人，都能不斷取得事業的成功。如果你自己無意於繼續開闢成長的道路，如果你不願意獲得更偉大的成就，那麼你就可以到此為止，不必再苦心費力地開始新的事業，甚至你也不必再為保住眼前的成功而煞費苦心。正因為企業的成長仍在繼續，企業需要的是不斷積極進取的進步型人才，而非守著過往成就、不思前進的庸才。所以，唯有不斷提升自己的競爭力，才能不斷進步。

04. 創新：競爭力的核心

微軟公司在應徵新員工的時候，總是會被重複地問某些問題：

「你對軟體設計有興趣嗎？」

「你認為軟體的開發，對人的生活會產生什麼根本性的影響？」

這些都是進入微軟的員工必須回答的問題。

一位微軟的高級人力資源培訓主管解釋道：

「軟體設計是一種創造性的工作，微軟又是一個非常注重個人創造力的公司。它需要的人，除了具備基本的軟體知識外，必須要有豐富的想像力和高超的創造力，因為自由創造就是微軟的企業精神。」每個人都可以使自己的公司有所改變。公司的每一個變化，每一個進步，都與個人密切相關。雖然這是一個十分簡單的概念，但卻能對員工產生巨大的影響。

世界上許多知名企業都已經意識到發揮員工創造力的重要性。

美國惠普公司建立於 1939 年，該公司不但以其卓越的業績跨入全球知名百大公司之列，更以其對人的重視、尊重與信任的企業精神聞名於世。惠普創辦人表示：「惠普的成功，靠的是『重視人』的宗旨。就是相信惠普員工都想把工作做好，有所創造。只要提供給他們適當的環境，他們就能做得更好。」

據說曾有記者問愛因斯坦：「您取得了這樣的成就，是不是因為您充分開發了自己的大腦？」

愛因斯坦說：「不，我大概只用了 10%的大腦。」記者十分震驚，繼續問道：「那一般人能利用多少呢？」

「可能 4%左右。」愛因斯坦平靜地回答道。

人的創造力是無限的。如果我們能意識到這一點，就應對自己的創造潛力充滿信心。要喚醒自己心中潛在的創造意識，促使我們重新挖掘存在於我們身上寶貴的創造資源。

05. 競爭中的冒險與勇氣

現代社會充滿了競爭。身為一個現代人，我們不僅要勇於競爭，還要勇於冒險。不敢競爭，就難以生存；沒有冒險，就沒有成功。冒險也許會帶給你失敗，但是對勇於冒險的人來說，冒險所帶來的快樂很難用言語形容，它不僅帶給你常人無法享受的樂趣，還讓你知道，生活本來就該是多彩多姿的。

英國偉大的劇作家蕭伯納（George Bernard Shaw）說：「我相信我的生命屬於全人類，去做任何我能做的事是我的特權。我工作得越辛苦，活得越有勁。生命對我而言不是一根短短的蠟燭，它是一個壯觀的火炬，我要讓它大放光明。」

這是一種怎樣的精神！難道你認為具有這種精神的人生活會無聊，工作會沉悶？

成功人士都有要把事情做好的強烈欲望，他們不管自身潛力大小，只管充分發揮，用盡他們所有的力量。即使是做極小的事情，他們也會集中精力去做得盡善盡美。

你的每個問題，對你自己或對他人來說，都有某種積極的、創造性的可能性。

畢竟，水能載舟，亦能覆舟。任何問題都有好與壞的兩面性，而且某些事情對你來說是問題，對他人來說則可能是有利可圖的機會。人類的每個問題都有其積極的可能性，只待有心人來發掘利用。對人類而言，每個問題都是一種磨練。沒有人能不受困境所影響，也沒有人在解決問題後會不長一智、無動於衷。

有個故事是這樣的：傑克是一個年薪百萬的、幹練的業務員。很少有人知道他是歷史系畢業的，在當業務員之前還教過書。

傑克認為自己是個很無趣的老師。由於他的課很沉悶，學生都坐不住，所以傑克講什麼他們都聽不進去。他之所以如此，是因為他已厭煩教書生涯，對這個職業沒有任何興趣。他這種厭煩也不知不覺影響到學生的情緒，最後校方終於決定不續聘他，理由是他和學生無法溝通。傑克算是被校方開除的。當時傑克非常氣憤，痛下決心走出校園去闖一番事業。就這樣，他找到了業務員這份能勝任且感到愉快的工作。

真是「塞翁失馬，焉知非福」。如果傑克不被解聘，也就不會重新振作起來！他平常是很懶散的人，整天都懶洋洋的，被校方解聘正好讓他驚醒過來。他後來很慶幸自己當時被解僱了。要是沒有這番挫折，他也不可能發奮圖強，闖出自己的一片天。贏家視困難為機會，對他們而言每件事都是一個機會。

生活中的戰鬥在大多數情況下就像攻占山頭一樣，若不費吹灰之力便攻占成功，就像打了一場沒有意思的仗。沒有困難，就沒有成功；沒有奮鬥，就沒有成就。困難對於那些懦弱的人來說是一場沉重的打擊，但對有決心和勇氣的人而言，它是一種受成功人士歡迎的刺激。

06. 冒險與創造力的發揮

勇於冒險是成功人士的基本特質。要想成為企業中的優秀員工，就應該勇於冒險。

世界 500 強企業美國西爾斯百貨的總裁說得好：「冒險精神具備與否，實際上是一個員工思考能力和人格魅力的展現。」身為一個員工，唯有你把冒險精神投入到工作中去，你的主管才會感覺到你的努力。

日本某不動產公司的創始人曾是一個小商人，他發現房地產是個有前途的行業，想去經營。但他一沒資金，二沒經驗，他決定先去別的不動產公司工作，以便學習經驗為自己創業打下基礎。可那間公司不願接受他，無奈之下，他要求在那間公司免薪工作一年。這一年間他拚命工作，掌握了大量知識和經驗。在那間公司想高薪聘用他時，他卻選擇離開。他千方百計籌得了一些資金，開始從事經營房地產生意。

免薪工作之舉，對於當時還十分貧窮的那位創辦人來說，是冒著極大風險的。

創業之初，有人向他推薦土地，那是一塊有幾百萬平方公尺、價格便宜的土地，當時人跡罕至，沒有道路，也沒有公共設施；但那塊土地與天皇御用地鄰近，能讓人感覺好像與帝王生活在同一環境裡，既能提升個人地位，還滿足了自尊心。

之前所有的地產公司都嘗試過推銷這塊地，但沒人願意買。那位創辦人傾力籌措資金，先付部分押金果斷地把地買下來。同行都嘲笑他是傻瓜，親戚朋友也為他的冒險擔心。然而他毫不介意，而是緊緊地抓住這個機會不放。

戰後的日本，經濟開始迅速發展，人們的收入增加，大家逐漸對城市的噪音和汙染感到厭惡，對大自然滿懷憧憬。

那位創辦人買下的地有著泥土的氣息和寧靜的景色，逐漸有人感興趣了。那位創辦人乘勢在報刊上大肆宣傳那裡的優美環境，吸引一些富裕階級前往訂購別墅和果園。一些經營耕作的農人，看到那裡有民房和可耕地供人租用，也前來定居和從事蔬菜果樹種植。

一年左右的時間，那位創辦人就把這塊幾百萬平方公尺的山地賣掉了八成，一下子使他賺到 50 億日元。他利用賺來的錢投資，修建道路、整地，並將剩下的兩成土地蓋成一棟棟別墅。經過 3 年時間，那塊山地變成了一個漂亮的住宅區，他所賺的錢也達到了數百億日元之多。

那位創辦人在總結自己的成功經驗時說：「我之所以能成功，就是因為我勇於冒險。我在選擇一個投資專案時，如果別人都說可行，這就不是機會 —— 別人都能看見的機會不是機會。我每次選擇的都是別人說不行的專案，只有別人還沒有發現，而你卻發現了的機會才是黃金機會。儘管這樣做很冒險，但不冒險就沒有贏的可能，只要有 50%的希望就值得冒險。」

21 世紀，在世界 500 強企業裡，員工的冒險精神具備了更豐富的內涵，冒險的過程多是與員工的創新精神結合在一起。這樣的員工積極進取，充分利用自己的長處，勇於發揮，充滿熱情和想像力地完成工作。一個人的才華和能力，只有透過冒險，才能抓住成功的機遇，才能在眾多的員工中脫穎而出，才能為自己的成功打下牢固的基礎，才能進一步實現自己人生最大的價值。而安於現狀不思進取、沒有危機感、不願參與競爭和為此打拚的人，他得到的獎賞自然是徹頭徹尾的失敗。

07. 在壓力中提升效率的策略

當危險逼近，或者一個人身處高壓環境時，大腦的某個特殊部位下視丘 —— 腎上腺系統會告訴身體器官分泌激素，使之流遍全身，讓身體各系統做好準備行動。

在恐懼或高度焦慮的情況下，快速的呼吸為人體提供更多氧氣，製造出更多紅血球和白血球，心臟把更多的紅血球和氧氣輸送到各個器官，以保證讓身體達到最佳狀態。

身體對壓力的快速反應是複雜的，如同一個人每天應對挑戰，克服困難一樣。壓力源並不需要大到危及生命也能引發生理反應，有些沒有威脅的事，如打電話時與顧客發生爭執，甚至開發一條新的產品生產線都可能觸發一系列壓力反應。

利用積極的壓力

高強度工作增加了員工在高壓狀態下做出適當反應的能力，而這大大激發了他們的熱情去完成任務。儘管他們會感覺到焦慮和危險，他們仍會接受情緒上的改變，使其轉化為興奮和動力，而不是恐懼和擔憂。有時人們意識不到壓力反應系統的複雜性，但是他們知道控制壓力反應能增強體能和勇氣，提高敏銳度和耐力。

新員工到公司報到時，有時被通知要接受壓力反應訓練。此一培訓課程設計的整個過程就是要錘鍊他們的經驗，盡量製造良性壓力，而這種壓力會促進新員工的成長。

設計這個壓力培訓，是要讓這些新員工在高壓環境中磨練自己；最初幾週的培訓將深深烙印在他們腦海中，並在往後發揮作用。在這種壓力培訓中，新陳代謝的變化使他們的應對能力增加了，反應速度變快了。企業的領導者可以適當運用這種積極的壓力訓練，培養員工超越自我的能力。

積極壓力與企業管理

大多數企業都會使用不同等級的積極壓力管理策略。經理與銷售人員必須面對不斷攀升的銷售指標；生產管理者必須不斷降低成本，增加產量；財務部門要對企業的成本和利潤負責……也許那些受到這種管理策略影響的人，並不總能把壓力看做積極因素，但是他們躍躍欲試，並且做好了生理和心理上的準備，以待去應付瞬息萬變的環境。

08. 將壓力轉化為動力的方法

壓力是困擾現代人的一大難題，但不同的人對壓力卻有不同的看法。某電器公司的人力資源部部長就表示保持一定程度的工作壓力是必要的，推崇員工必須有壓力，但也鼓勵員工想辦法緩解壓力。其具體做法有變換工作職位，視情況安排、調派人力和鼓勵合作，開展多種形式的員工團體活動，營造緊張工作和輕鬆活動相結合的氛圍等，使員工既有緊張感，又有氣氛輕鬆的回憶，從而化解工作的壓力。

某大型 IT 企業 HR 總監認為，企業要想緩解員工壓力，首先要找到壓力的源頭，然後對症下藥。如因為工作環境不佳而引起員工壓力，則可改善室內的光線、裝修、物品擺設等，為員工提供一個舒適、安全的環境；管理層則要負責激勵和引導基層員工；人力資源部務必合理安排人力，保證人盡其才，還要有合理的成長培訓計畫。

為了盡可能地提高生產效率，管理者必須明白如何在正確的時間提升壓力水準，何時把壓力控制到最低限度，並遏制消極的壓力反應。充滿壓力的環境使每個人經受鍛鍊，使部分員工發揮出更大的潛能，而有些沒有做好準備的人常常在壓力面前退縮，表現得非常糟糕。

舉個例子，一位銷售員弄丟了一份緊急訂單，他非常尷尬地承認了錯誤。當上司問他為什麼不打電話給顧客，重新補上訂單時，他回答說：「我怕顧客聽了會生氣。」

那些產生非理性反應的人，不管身處什麼職位都會受到壓力的困擾。在高壓情況下，他們不會尋求任何幫助，也不去接受更多培訓，只能聽天由命，忍受壓力折磨。

事實上，這是可以改變的。例如專業的銷售人員就把經常遭人拒絕當作正常現象，並在這種壓力下為自己增添動力，轉而去尋找新的客戶。他們沒有在壓力面前畏縮不前，而是把它當成了自己的養分。對每個人來說，把壓力反應轉化為積極的情緒是大有好處的。

下面介紹幾種化壓力為動力的方法：

精神超越

精神超越就是指對自我的人生價值和角色定位、人生主要日標的設定等等，簡單的說就是：你準備成為一個什麼樣的人，你準備達成哪些目標？這些看似與壓力無關的東西其實對我們的影響是十分巨大的。卡內基（Dale Carnegie）說：「我非常相信，這是獲得心理平靜的最大祕訣之一——

要有正確的價值觀。同時我也相信，只要我們能制定出某種個人化的標準 —— 就是和我們的生活比起來，什麼樣的事情才值得我們去做，我們的憂慮有 50%以上就會立刻消除。」

理性反思

理性反思，積極自我對話和反省。對於一個積極進取的人而言，面對壓力時可以自問，「如果沒做成又如何？」這樣的想法並非是找藉口，而是一種有效緩解壓力的方式。但如果你本身個性較容易趨於逃避，則應該要求自己以積極的態度面對壓力，並常告訴自己，適度的壓力能夠幫助自己成功。

同時，寫壓力日記也是一種簡單有效的理性反思方法。它可以幫助你確定是什麼因素引起壓力。透過回顧日記，你可以知道自己該如何應對壓力。

建立平衡

我們要擅於控制自己的情緒，注重休閒生活，不要把工作上的壓力帶回家。為自己留出休息的時間：與他人共享時光，交談、傾訴、閱讀、冥想、聽音樂、處理家務、鍛鍊身體。這些都是獲得內心安寧的絕好方式。選擇適宜的運動來訓練自己的耐力、靈活度或體力，並持之以恆地交替。用你喜愛的方式去建立理性，逐漸體會它對你身心的好處。

時間管理

工作壓力的產生往往與時間的緊張感相生相伴，總是覺得很多事情十分緊迫，時間不夠用。解決這種緊張感的有效方法是——時間管理。在安排時間時，應權衡各項事務的優先順序，要學會未雨綢繆，留意重要但不一定緊急的事，防患於未然，如果總是在忙於救急，將會使我們在工作上永遠處於被動狀態。

加強溝通

平時要積極改善人際關係，尤其要加強與上級、同事的溝通。要切記，壓力過大時要及時尋求幫助，不要試圖一個人承擔所有壓力。同時，還可主動尋求情感上的援助，如與家人朋友傾訴交流、安排心理諮商等方式來積極應對。

提升能力

既然壓力的來源是自身對工作的不熟悉、不確定感，或是對於目標的實現感到力不從心，那麼緩解壓力最直接有效的方法，便是去了解和掌握狀況，並設法提升自身的能力。透過自學、參加培訓等途徑，一旦「會了」、「熟了」、「清楚了」，壓力自然就會降低、消除，了解到壓力並不是一件可怕的事。

活在當下

壓力，其實都有一個相同的特徵，就是突顯對明天和將來的焦慮、擔憂。而要應對壓力，我們首先要做的不是去觀望遙遠的未來，而是去做好手邊的事。為將來做好準備的最佳辦法就是集結你所有的智慧、熱忱，把當下的工作做得盡善盡美。

日常減壓

以下是幫助你在日常生活中減輕壓力的 10 種具體方法，簡單方便，經常運用必定會有很好的效果：

1. 早睡早起。在你的家人醒來前一小時起床，做好準備工作。
2. 與你的家人和同事共同分享工作的快樂。
3. 一天中要多休息，從而使頭腦清醒，呼吸通暢。
4. 利用空閒時間鍛鍊身體。
5. 不要急切地、過多地表現自己。
6. 提醒自己任何事不可能都是盡善盡美的。
7. 學會說「不」。
8. 生活中的顧慮不要太多。
9. 偶爾聽聽音樂放鬆自己。
10. 培養豁達的心胸。

09. 挑戰者的成功祕訣

沒有人能夠一步登天，成功是不斷地向生活挑戰，向自己挑戰，在挑戰中進步。如果有一件事，你還沒做就先否定自己，這是否顯得過於草率呢？唯有不斷行動，向困難發起挑戰，才能找到自己的不足，發揮自己的創造力，為成功打下基礎。

有個小孩將撿來的鷹蛋放到了正在孵化的雞蛋中，不久小鷹和小雞同時出生了。小鷹和小雞總是一同覓食、嬉戲。

漸漸地，小鷹長大了，牠開始發覺自己和身邊的小雞有些不同，可是又不知道是什麼地方不同，這讓牠很苦惱。

有一天，小鷹獨自來到一個小山坡，仰望天空。這時牠看見了一隻老鷹在空中時而盤旋，時而翱翔。小鷹這才明白自己原來也應該是屬於藍天的。

牠決定飛向天空，可是無論牠如何努力都飛不起來。是啊，牠從來沒有接受過飛行訓練，怎麼能飛得起來呢？

小鷹並沒有放棄。牠想了個辦法，每天從這個不高的山坡上滑翔下來，剛開始牠也有些擔心，可連試幾次後，牠覺得其實也沒什麼好害怕。透過反覆訓練，小鷹的翅膀漸漸有了力量，牠能低空飛行了。

之後，小鷹又選了個更高的山頭訓練自己的飛行技巧，牠從小沒有親人，無人指引；但這是牠的本能，小鷹必須要經過不斷的挑戰和練習才能激發自己的本能。又過了一個月，小鷹學會在空中盤旋了。於是牠來到某個懸崖邊，這是牠第一次飛行，牠很擔心，可是牠知道牠必須這麼做，因為這才是牠的生活。小鷹一躍而下，拍打自己稚嫩的翅膀，牠成功了。

大多數人都喜歡走容易的路，因為可以節省力氣。那些精神與肉體都懶散的人往往不喜歡改變現況，自然也從來沒嘗過勝利帶來的狂喜。記得在第一次世界大戰中，有一位突擊隊隊長在執行任務中負傷，敵人密集的槍彈將他所在之處封鎖得密不透風，似乎要置他於死地。連長選擇了兩名兵齡最長者去營救他。這兩個人不負眾望，一寸一寸地匍匐著爬到隊長身邊把他拖救出來。一支真正精銳的部隊，成員大多會把生死置之度外，因他們認為那是一種榮譽。

一直躲在戰壕裡的人是感覺不到任何刺激的。抬起你的頭看一看，你會有完全不同的感受。只要把目光放遠，你的日子就再也不單調乏味了。

對一個願意奉獻自己的人來講，生活是一種光榮的冒險。若你能一早從床上跳下來就充滿鬥志，勇敢地面對可能使你沮喪的人或環境，那麼成功就離你不遠了。

10. 追求完美，持續學習

追求完美的工作表現，並不是指單純地追求工作業績，也不是某種生活標準，而是一種心理狀態。在完美的工作中，你可以將自己最優秀的才能發揮出來，應用到你孜孜追求的事業上，使你的工作更適合你的個性和價值觀。

在這世上，許多人對自己的工作並不滿意。但他們卻不努力去改變自己的現狀，年復一年、日復一日地默默忍受工作帶給他們的苦惱。當他們感到沮喪或筋疲力盡時，他們便會自我安慰道：「唉！有什麼辦法呢？這就是生活！我還能做些什麼呢？」言下之意，只要能賺錢養家，枯燥乏味的工作是可以容忍的。

事實上，他們對工作的意義缺乏深入的理解。要知道，賺再多錢也無法使人忍受得了所有乏味無趣的工作。其實你並不需要委屈自己，你完全可以使你的工作變成你所希望的理想狀態。

對於我們來說，順其自然是平庸無奇的。為什麼在可以選擇更好的時候我們總是選擇平庸呢？如果你不可能在一年之外多擁有一天，那為什麼不好好利用這 365 天呢？為什麼我們只能做別人正在做的事情？為什麼我們不可以超越庸常呢？

某位學者曾說過：「不要總說別人對你的期望值比你對自己的期望值高。如果哪個人在你所做的工作中找到失誤，那麼你就不是完美的，你也不需要去找任何理由，承認這並不是你的最佳表現，千萬不要挺身而出去捍衛自己。當我們可以選擇表現得完美，為何總偏偏選擇平庸呢？我不相信人們說那是因為天性使他們要求不高。他們可能會這樣辯解：『我的個性不同於你，我並沒有你那麼強的上進心，那不是我的天性』。」

對於「追求完美的工作表現」的人來說，他們的才華、熱情和價值取向是一致的，而且他們時常有一種強烈的個人成就感。他們心存一份內在指南，永遠都在追尋他們生活中的目標。

《工作之美》的作者指出，工作具有三個關鍵功能：「為人們提供一個發揮和提高自身才能的機會；透過和別人共事來克服自我中心的意識；對自己提出更高的要求。」

我們需要找尋機會在工作中實現這三點。大多數人前兩點做得相當好，但在對自己提出更高的要求這方面，其實能做得更好。事實證明，這種做法才是發揮和提高我們才能的最佳方法。

11. 拒絕止步於 99.9%的成功

不要滿足於 99.9%的成功，只要你還有 0.1%的錯誤和不足，你的成功就是不完美、有缺憾的，就隨時可能被他人替代和顛覆。就像特洛伊戰場上的阿基里斯，雖然有金鋼不破之身，卻因腳後跟上那一點小「破綻」，便使其橫遭致命一擊。

如果陶醉於自我的「優秀」中，安享「太平盛世」，止步不前，最終會被自己的「優秀」打敗、擊垮，由盛轉衰。只有保持更強的進取心，永遠把自己當作新人，才能保持不敗戰績。

不要滿足於 99.9%的成功。

許多公司沾沾自喜於 99.9%，認為品質合格率達到 99.9%，就可以心滿意足了；認為服務水準和客戶滿意度達到 99.9%，就可以高枕無憂了；認為計畫完成率達到 99.9%，就可以停止不前了。難道 99.9%就足夠好了？殊不知，99.9%背後隱藏著多少痛苦與無奈。

對一個公司而言，產品合格率達到 99.9%，失誤率僅為 0.1%，品質似乎很不錯了，但對廣大消費者而言，0.1%的失誤卻意味著 100%的不幸！

一家電熱器生產廠，聲稱自己的產品品質合格率為 99.9%，各項指標安全可靠，並有雙重漏電保護措施，讓消費者放心使用。一位消費者購買了該廠的電熱器，卻不幸攤上了 0.1%的失誤。

他像往日一樣洗澡，沒想到熱水器漏電，而保護裝置又發生故障，他因此受傷送醫。按理說，消費者的使用方式皆屬於正常操作範圍，不應出現這一事故，即便漏電，保護裝置也會立刻斷電，以確保使用者的安全。然而，這家公司滿足於 99.9%的合格率，卻帶給那位消費者莫大的傷害。

由此不禁令人擔心、是不是還會有下一個、再下一個消費者也攤上這一不幸呢？如果公司沒有重視這 0.1%的品質失誤，不僅消費者的生命安全得不到保障，而且公司的生存也難以延續下去。試想一下，有誰還敢買這樣的「不良品」？無人買單，公司無以為繼，企業生命自然叫停。

99.9%的努力 +0.1%的失誤 =0%的滿意度，這說明：你縱然付出了 99.9%的努力去服務客戶，贏得客戶的滿意，但只要有 0.1%的失誤和不周，仍然會令客戶產生不滿，對你的印象大打折扣。

如果這 0.1%的失誤，正落在客戶極為關注和重視的層面，或帶給客戶的損失及傷害極其巨大，就會使你過往所有的努力付之東流，以致客戶徹底與你決裂，棄你而去。

有這樣一個案例：每個節假日，一位採購人員都會收到與其有業務往來的另一家公司的賀信，每張賀信上都附有該公司的總裁簽名。有一次，他遇到產品上的某個技術性問題，打電話向那家公司的技術人員諮詢，電話轉來轉去，最後總算轉到一位技術人員那裡；但這位技術員既不熱情也無耐心，他的問題還未得到解答，技術人員就匆匆結束通話了電話。他極其憤怒，打電話請求櫃檯小姐幫他把電話轉給那位在賀信上簽名的公司總裁。櫃檯小姐說總裁很忙，無法接聽電話，這令他更加生氣。於是，他透過以前收賀信的E-mail 地址，向這位總裁發了一封抱怨信。隔了幾天不見回音，又發了一遍，還是不見回信。他再發了一遍，依然是石沉大海。此時，他已經憤怒、懊惱到極點。

沒過多久，這位採購人員便將全部的業務轉給那家公司的競爭對手了。儘管這家公司以往都做得很好，關懷客戶方面似乎也做得不錯，但它僅是從自身利益和角度考慮問題，並未切實關心客戶的需求。當客戶請求幫助時，工作人員卻態度冷淡，推三阻四，未真心地替客戶排憂解難。服務上的這一疏忽，結果卻斷送了自己的生意。

市場競爭也是如此。假若你在品質上有 0.1%的疏忽，競爭對手就會藉此攻擊你，努力推出零缺陷產品，從你身邊拉走客戶；假若你在服務上有0.1%的疏忽，競爭對手又會推出「百分百」的優質服務，誘使你的客戶向其倒戈，以瓜分市場，提升其市場地位。其實，要做到零缺陷、零失誤並不難，只要每個員工時刻牢記「我絕對不能失敗！」並保持高度的責任心和敬業精神，把永遠不向消費者提供劣質的產品和服務，作為公司的道德標準。誰生產了不合格產品，誰就是不合格的員工，將這一信念深植於心，用做人的準則做事，用做事的結果看人，就能贏得客戶的滿意和回報，從而創造出企業強大的競爭力。

12. 競爭中不斷進步的策略

美國海軍陸戰隊的所有計畫都是為了一個目的：隨時備戰，為獲勝做好一切準備。海軍陸戰隊的所有士兵和軍官，不論有多勝任日常行政，表現有多優秀，立過多少戰功，都無一例外必須通過每半年一次的體能測驗。未能通過測驗者，將經歷嚴格的重新考核，如果仍未過關，其軍旅生涯很可能就要畫上句點。

因此，無論是剛入伍的新兵，還是久經殺場、功勳卓著的軍官，都不敢停頓懈怠，放鬆對自己的要求，或安心地過舒心安穩的日子。其實在這裡根本沒有安逸日子，每個人都必須打起十二分精神，時刻保持一級備戰狀態，並以新人的姿態來訓練、打磨和約束自己。正是這種高度的自我要求與壓力，才創造出海軍陸戰隊傳奇般的戰績。

其實，一個公司也是如此。如果員工長期處於平穩無波瀾的環境中，就會失去生命力、活力和前進的動力，就會養成惰性，缺乏競爭力。有壓力、有競爭、有生存威脅，員工才會有緊迫感和進取心。

毫無疑問，競爭是公司生存的最佳武器，是公司發展的動力與泉源，是促進員工打拚向上的主要因素。如果公司沒有競爭與淘汰機制，一味使用齊頭並進的管理方式，結果只會使員工養尊處優、張狂自大，耽誤公司的「進化」，使公司在競爭激烈的大環境下悲壯出局。

無論是誰都應該意識到已有的輝煌都是暫時的，稍有懈怠和停頓，就會被其他對手乘虛而入，吞食消滅。

英特爾公司每年進行一次員工評估，凡是做同樣工作、同樣職等的員工，無論身在何處，都參照同樣的評估標準，放在某個組別裡一起評估。從中找出工作表現最好、績效最高的員工，進入「特別人才小組」，提供給他們在其職業道路上所需的更多培訓，讓他們快速成長起來。英特爾人才評估標準遵循六個價值觀：一是以結果為導向；二是具有冒險精神；三是具有良好的工作態度；四是職業素養和品格；五是以客戶為導向；六是紀律。

評估結果則分為三類：一類，超優；二類，優秀；三類，需要提高。

同時，公司還有一個員工進步速度的評定。公司要求每個員工每年都要進步，每年都要提升自我，每年都對公司有所貢獻。對於表現尚佳的員工，公司會給予積極的表彰和獎勵。目的是營造一個人人奮發向上，不斷追求卓越的創新氛圍，激發每個員工的旺盛鬥志和工作熱情。

事實上，無論是可口可樂、迪士尼，或是以速度創新的英特爾公司，還是確立軟體霸主地位的微軟公司，都是永遠保持活力，以做小公司的心態來做大公司。正因為他們擁有這樣的積極心態，才使他們大大超越各自領域中的其他競爭對手。那些市場價值大幅成長的公司，都有一個極明顯的特質：永遠將自己看成是一個剛進入市場的新手，總在問自己：如果我們重新來過會如何？如果我們要重新開始該怎麼做？我們還能做得更好嗎？

上述著名公司不以競爭對手為基準，而以自己為對手，不斷創新，不斷為自己設定更高目標，戰勝和超越自我，有永不止息的價值創新能力！它們不安於現狀，勇於打破常規和昨天的思考模式。正是這些不同於其他競爭對手的思考方式和價值觀，使它們在激烈競爭中向前飛奔，並持續創造出公司的輝煌實績。

第六章

勤奮精神的高效培養

我認為勤奮是個人成功的要素。所謂一分耕耘，一分收穫，一個人所獲得的報酬和成果，與他所付出的努力有極大的關係。運氣只是一個小因素，個人的努力才是創造事業的最基本條件。

—— 李嘉誠

01. 培養高效工作的勤奮精神

一個人若非能力一流，就一定要有勤奮踏實的工作精神；若是既沒有能力，又沒有基本的職業道德，就一定會被社會拋棄。

世上絕頂聰明的人很少，絕對愚笨的人也不多，一般都具有正常的能力與智慧。但是，為什麼很多人依舊與成功絕緣呢？

在多數人眼裡，某些看來很有希望且應會成為非凡人物的人，最終並沒有成功，原因何在？

一個最重要的原因就是他們不願意付出與成功相應的努力而習慣投機取巧。他們希望到達輝煌的巔峰，卻不願意跋涉過艱難的道路；他們渴望取得勝利，卻不願意做出犧牲。投機取巧是很多人普遍會有的心態，而成功者之所以成功的祕訣就在於他們能夠超越這種心態。

在工作中投機取巧也許能讓你獲得一時便利，但卻可能埋下隱患，從你事業的長遠發展來看，是有百害而無一利的。投機取巧會令你日益墮落，只有勤奮踏實、盡心盡力地工作才能帶給你真正的幸福和快樂，並助你成功。無論事情大小，如果總是試圖投機取巧，表面上看來可能確實節約了一些時間和精力，但事實上你往往浪費了更多時間、精力和財富。

一旦養成投機取巧的習慣，一個人的品格就會大打折扣。做事無法善始善終、盡心盡力的人，其心靈亦缺乏相同的特質。他因為不會修養自己的個性，意志不堅定，因此無法實現自己的任何追求。一面貪圖享樂，一面又想成就一番事業，自以為可以左右逢源的人，不但兩頭落空，還會為自己浪費的時間後悔不已。

從某種意義上說，往某個方向一絲不苟地勤奮進取，比草率分心地往多個方向發展可取。因為做事一絲不苟能夠迅速培養出好品格、獲得智慧，加速進步與成長；而且它能帶領人們往好的方向前進，鼓舞人們不斷追求進步。

在工作中，許多人都會有很好的想法，但只有那些在艱苦探索的過程中付出辛勤勞動的人，才有可能取得令人矚目的成果。同樣，企業的正常運轉需要每一位員工付出努力，勤奮刻苦在這個時候顯得尤其重要，而勤奮的態度會為你的前程鋪平道路。

命運掌握在勤勤懇懇工作的人手上，所謂的成功也正是這些人的智慧和勤勞的結果。即使你的能力比別人稍微差一些，你的經驗也會在日積月累中彌補這個劣勢。

勤奮敬業的精神是你走向成功的最基本的基礎，像一個推進器，幫助你更容易走到成功面前。如果有一天你成功了，你應該自豪地對自己說：「這是我刻苦努力的結果。」與之相反，懶惰是成功的天敵。你可以問自己：我能不能靠自己生存下去？認真地問自己，不要對自己放寬條件。

成功者都有一個共同的特點——勤奮。在這個世界上，投機取巧是永遠都不會到達成功之路的，偷懶更是永遠沒有出頭之日。

即使你正從事最卑微的工作，只要恪盡職守，兢兢業業，你的整個人必定有一天將更上層樓！疑慮、欲望、憂傷、懊悔、憤怒、失望等都將不存在，你離成功也就不遠了。

02. 成為勤奮且有效率的員工

有效率的員工不論從事什麼樣的工作，都能任勞任怨、勤勤懇懇地工作。因為這類員工都具備勤奮的職業道德。

高校率員工最突出的表現就是勤奮。當然不是在所有事上勤奮就代表能展現出效率，只有保持勤奮才會在職涯中看見效益；高效率員工要專注於工作，勤奮不只是首要因素，更是高效率的基礎和依託。

企業的正常營運需要全體員工付出努力，員工的勤奮刻苦對企業的發展極其重要。只有那些在艱苦求索過程中辛勤工作的人，才有可能取得令人矚目的成果。

因此，職場人士要想使自己成為一個勤奮高效的員工，就需要從以下幾個方面努力。

（1）牢記自己的夢想：只有給自己一個奮鬥的理由，你才能堅定信心，鍥而不捨。有太多的人只是為工作而工作，如果討厭責任，或是將工作看作是懲罰，這種想法注定會讓你總是偷懶和拖延。而如果你把工作當成實現夢想的階梯，每上一個階梯，就會離夢想更近一點，就不會覺得痛苦，相反地會很快沉浸到工作中去。

（2）學會用心工作：專注的員工不僅要勤奮，還要盡善盡美地完成工作，還必須用你的眼睛去發現問題，用你的耳朵去傾聽建議，用你的大腦去思考、學習。

另外，勤奮工作不代表機械地工作，而是用心在工作中學習知識，總結經驗。在上班時間內無法完成工作而總是加班，那不叫勤奮，而是不具備在規定時間裡完成工作的能力，是效率低的表現。

（3）自我獎勵：勤奮總與「苦」、「累」連繫在一起，如果長期處於這樣的環境中，你可能會厭倦，甚至萌生放棄的念頭。因此，適時獎勵自己是非常重要的。當你每掌握一種好的工作方法，或工作效率一提高時，不妨去看一場嚮往已久的演出，或是為自己準備一頓豐盛的晚餐。這樣的自我獎勵往往會刺激你更加努力地工作。

勤奮並不是要你一刻不停地做，把自己弄得精疲力竭只會導致低效率。工作累了的時候，不妨花上幾分鐘的時間放鬆一下，放鬆自己緊張的大腦。

（4）成功之後還要繼續努力：勤奮通向成功，而成功卻可能成為勤奮的墳墓。成功之後就不再努力的例子並不鮮見。很多人憑藉勤奮努力終於被主管提拔和重用，覺得該放鬆一下——原想為前段時間那麼辛苦的工作犒賞自己，結果卻退步到那種好逸惡勞、不求上進的生活中去了。在取得了一個階段的成功之後，要專注地向自己的大目標繼續前進並規劃出下一個小目標，告訴自己還有更加美好的未來在等待自己，重新振作，繼續勤奮進取，永不滿足。

03. 勤奮積極的高效率工作方法

你若不滿足於現在的成功，就必須更加勤奮努力。勤奮是獲得更多成功的重要條件，它可以彌補天賦的不足；如果缺少勤奮，天賦再好，也很難有成果，這是因為天賦永遠彌補不了懶惰帶來的缺陷。

若你渴望將夢想變為現實，就要知道成功的人會在必要的時候超時工作。邱吉爾在二戰期間一天工作 16 個小時，英國首相瑪格麗特．柴契爾夫人具有過人的精力，她是一個「靠自己的奮鬥獲得成功的女士」。她很少度假，每天睡眠不超過五個小時，她從低微的底層工作開始，經歷了漫長的過程後，成為歐洲歷史上第一位女首相。由此可見，勤奮工作是成功的必經之路。

安排好你的工作日程

去買一本手帳或記事本，開始安排你的日程。要隨時做筆記，將下一步計畫要做的事情記下來，不要太過相信自己的記憶力。不要等事到臨頭，甚至是火燒眉毛的地步才臨時抱佛腳。你必須事先做好準備，在完成當天工作的同時，也應擠出點時間把第二天的事情安排好。

瑪麗．威爾斯．勞倫斯（Mary Wells Lawrence）是一名透過自己艱苦奮鬥取得成功的美國女性，她是威爾斯．里奇．格林廣告公司的董事長，她明白怎樣使自己每天的工作更富有成效。她精通生意經，因而在商界具有很大影響。她的公司的年營業額曾高達兩億五千萬美元。但剛開業時，她在紐約一家飯店裡租房間當作辦公室，只有她母親替她接電話，兩個人甚至連午餐時間也不休息，十六年過去了，至今她仍在辦公室裡吃午餐。「我安排自己的生活就像很多人經營自己的生意一樣，是不得不那麼做。」一次她對《時裝》雜誌的一位記者說：「我雖然沒有實際去擬定各種圖表，但是我在腦子裡把一切都考慮得很周密。」

勤奮工作的回報

勤奮如同點燃智慧的火花，它可以變笨拙為靈巧，變愚鈍為聰慧。勤奮工作，必將會有所回報。

巴夫洛夫（Ivan Pavlov）常常從早到晚，長達十幾個小時埋首實驗室裡做實驗，經常忘了吃飯。當他踏上科學生涯的第一階梯 —— 取得「消化」研究的成果時，又向「反射」實驗進軍。就連和他一起工作多年的得力助手，也受不了這種無休止的緊張工作，而離開了他，巴夫洛夫只得另找新的助手，而且對新的助手說：「你們要學會如何為科學不停地付出。我們到實驗室去吧，把狗準備好，我們要數牠的唾滴。若有必要的話，數個 10 年甚至 20 年。」

在實驗室裡，巴夫洛夫和助手們長時間廢寢忘食地工作著。很快的，巴夫洛夫染上多種疾病，但他從不間斷實驗工作；臨死前，他都還在不斷地進行研究。

04. 提早到達，延後離開：勤奮的實踐

提前上班，別以為沒人注意到，主管可是睜大眼睛在看著呢！如果能早一點到公司，就說明你十分重視這份工作。每天提前一點到達，先對接下來一天的工作做個規畫，當別人還在考慮該做什麼時，你已經走在別人前面了！

延後下班，將今天的事情徹底了結，為明天要做的事事先準備，如此你又先人一步，工作條理更加清晰。

有個人最初為他的上司工作時，職位很低，現在已成為上司旗下一家分公司的負責人。之所以能如此快速升遷，祕密就在於延後下班。他說：「在工作之初，我就注意到，每天下班後，所有人都回家了，但我的上司仍會留在辦公室裡工作。因此，我決定下班後也留在辦公室裡。是的，的確沒有人要求我這樣做，但我認為自己應該留下來，在需要時為我的上司提供一些幫助。當時我的上司自己找檔案、列印資料，很快的，他就發現我隨時在等待他發號施令，並且逐漸養成請我幫忙的習慣……」故事中的這個人，他這樣做有獲得額外的報酬嗎？沒有。但是他獲得了更多機會，使自己得到主管的關注，最終獲得晉升。

05. 每日多付出一點的工作哲學

著名投資專家約翰·坦伯頓（Sir John Marks Templeton）曾透過大量的觀察研究，得出了一條很重要的定律：「多一盎司定律」。他指出，中等成就的人與突出成就的人所做的工作量並沒有很大差別，他們所做出的努力差別很小；如果一定要量化，那麼可能只是「一盎司」的區別。

約翰·坦伯頓首先把這一定律運用於他在耶魯大學的經歷。坦伯頓決心使自己的報告不是95%而是99%的正確。結果呢？他在大學三年級就進入了美國大學生聯誼會，並被選為耶魯分會的主席，並得到了羅德獎學金。

在商業領域，坦伯頓把多一盎司定律進一步引申。他逐漸意識到只多那麼一點努力就會得到更好的結果。那些更加努力的人，那些在工作上投入了17盎司而不是16盎司的人，得到的遠大於這一盎司應得的份額。

「多一盎司定律」可以運用到所有的領域。實際上，它是使你走向成功的普遍規律。例如把它運用到高中足球隊，你就會發現，那些多做了一點努力，多練習了一點的年輕人成了球星，他們在比賽中造成了關鍵性的作用。他們得到了球迷的支持和教練的青睞。而這一切只是因為他們比隊友多做了那麼一點。

在商業界、藝術界、體育界，乃至所有領域，那些最知名的、最出類拔萃的人與其他人的區別在哪裡呢？答案就是比別人多努力、多勤奮那麼一點點。

你沒有義務做自己職責範圍以外的事，但是你也可以選擇自願去做，來鞭策自己快速前進。積極主動是一種極珍貴、備受看重的素養，它能使人變得更加敏捷，更加積極。無論你是管理層，還是普通職員，「每天多做一點」的工作態度能使你從競爭中脫穎而出。你的主管、委託人和顧客會關注你、信賴你，從而給你更多的機會。

每天多做一點工作也許會占用你的時間，但你的行為會使你贏得良好的聲譽，並增加他人對你的需要。

有幾十種甚至更多的理由可以解釋，你為什麼應該養成「每天多做一點」的好習慣——儘管事實上很少有人這樣做。其中兩個原因是最主要的：

1. 在建立了「每天多做一點」的好習慣之後，與四周那些尚未養成這種習慣的人相比，你已經占據優勢。這種習慣使你無論從事什麼行業，都會有更多的人指名你提供服務。

2. 如果你希望將自己鍛鍊得更強壯，唯一的途徑就是利用它來做最艱苦的訓練。相反，如果長期不鍛鍊你的身體，讓它養尊處優，其結果就是使它變得更虛弱甚至易生病痛。工作對人的淬鍊也是同理。

身處困境地打拚能夠產生巨大的力量，這是人生永恆不變的法則。如果你能在分內的工作之外多做一點，不僅彰顯了自己勤奮的美德，還可能培養出超凡的能力，使自己具有更強大的生存力量，從而擺脫困境。

在工作中，有很多時候需要我們「多加一盎司」。多加一盎司的努力，工作就可能大不一樣。盡職盡責完成自己工作的人，最多只能算是稱職的員工。如果在自己的工作中再「多加一盎司」，你就可能成為優秀的員工。

「多加一盎司」在所有的工作中都會產生很好的效果。如果你多努力一點，就會使你的士氣高漲，與同伴之間的合作也會取得非凡成績。要取得突出成就，你必須比那些取得中等成就的人多前進一點，學會為自己的努力再加一盎司。

06. 立即行動的重要性

勤奮高效的員工不僅在工作過程中要自始至終專注地工作，更重要的是要搶在前頭，做好投入專注工作前的一切準備；只有準備充分了，才可能專注工作，否則掛一漏萬，工作就很難進行下去。

因此，敬業的員工不但是一接到任務便一頭栽進工作裡，還必須做好工作前的充分準備。當然，一旦接到了任務就必須立即行動，無論是準備工作還是實際行動，都必須說做就做，以求更快更好地完成任務。

在現代職場中，很多人在接觸某項工作時，總是思前想後，無法立刻行動。久而久之，就形成了愛拖延的習慣。一個無法迅速完成工作任務、隨意拖延期限的人就是一個不專注的員工。因此，在樹立員工敬業精神時，應培養其說做就做並全力以赴投入工作的雷厲風行的習慣。

具有敬業精神的員工不管從事什麼工作，都能抓住事務本質，當機立斷，採取行動。不論做任何事都不會拖延，因為他們深深地意識到：行動比什麼都重要。

無論你有多麼美妙的理想，如果不全力以赴地行動，一切都不會成為現實。拖延是行動的敵人，克服拖延的最好方法就是行動；只有馬上行動，才能徹底打敗拖延的壞習慣。

07. 持續不懈的努力工作

在你獲得成功之前，往往會經歷無以計數的失敗。你要抱持堅持不懈的決心，不斷地鼓足熱情和勇氣告訴自己「再來一次」。越是困難的時期，越要堅持不懈，成功往往就在於比別人多堅持一會兒。困境是成功和失敗的分水嶺。大多數人在面對困難時會很容易放棄自己的目標和意願，而成功者卻在困境中一如既往地堅持自己的目標，他們獲得的回報既有金錢也有榮譽。

堅持不懈地付出努力，是取得成就的不二法門。

有這樣一個故事：一群年輕人去拜訪蘇格拉底，詢問怎樣才能擁有他那般博大精深的學問和智慧。蘇格拉底沒有正面回答，而是對他們說，你們先回去，每天堅持做 100 個伏地挺身，一個月後再說。這些年輕人都笑了，這還不簡單嗎？一個月後，這些年輕人又一起來到了蘇格拉底面前，蘇格拉底詢問有多少人做到了每天 100 個伏地挺身，有一大半的年輕人說做到了。好，堅持下去，過一個月再說。之後，只有不到一半的年輕人做到了。一年後，蘇格拉底問大家：「請告訴我，這個簡單的習慣，有哪幾位一直堅持到現在？」這時，只有一個人回答說自己做到了，這個人就是柏拉圖。許多年後，他成為了古希臘最著名的哲學家。

08. 堅守工作目標的執著精神

敬業的員工長期默默無聞地沉浸在枯燥的工作中，具有非同一般的韌性，不會半途而廢，功虧一簣。

堅持不懈的韌性是這類員工的共同特徵。敬業的員工或許有某些弱點和缺陷，然而困難與失敗不足以使他們放棄，不管是怎樣的艱難困苦，都能始終堅持不懈地埋頭苦幹，以爭取最後的勝利。

在一些企業中，有些人頗具才華，具備成就事業的種種能力，但往往一遭遇微不足道的困難與阻力，就立刻放棄。久而久之，他們養成了逃避問題的習慣，一發現困難就退縮，於是他們永遠只能做一些簡單平凡的雜事。

而敬業的員工總是執著地堅持自己的目標，竭盡全力、毫不懼怕失敗。正是這種追根究柢、不達目的絕不罷休的精神，令主管對他們刮目相看，自己也在事業上有所成就。

所以，困難和挫折並不可怕，可怕的是一遇困難就臨陣脫逃，無法堅持下去或想辦法解決。其實只要我們堅持不懈，使自己超脫於困難，讓挫折變坦途，目標的實現自然指日可待。

09. 在每一件工作中追求卓越

精益求精，在每一處細節都下足工夫，是平凡與卓越的分水嶺。古人早就說過「一屋不掃，何以掃天下。」超越平凡並不是要去找大事做，大事也是由小事組成，任何小事都可以是大事。

萬事從小事做起，要展現自己優秀的一面需要花很大的工夫，它需要每一個細節都拿捏得當；然而，要毀掉自己在別人眼中的印象卻很容易，只要一個細節足矣。

絕大多數的細節都像我們每天數以億萬計代謝、脫落的皮屑一樣，看不到揚起或落下便無影無蹤了。

細節雖小，但它的力量是難以估量的。「泰山不讓土壤，故能成其大；河海不擇細流，故能就其深。」大禮不辭小讓，細節決定成敗。

生活中，總是些看來非常偶然的細節對我們的人生有所幫助。可究竟哪些細節會有幫助，這是沒法預測的。就如面試時禮貌地讓位給他人，這個細節會有兩種截然相反的結果，有的應徵者會對你的美德大加讚賞；有的則會認為你缺乏競爭意識。這並不是說細節的力量是種不可捉摸的宿命，而是說細節的力量也有如機遇一樣，總是青睞於有準備的人。這種準備，需要我們平時養成，而不僅僅是面試前設計好一套注重細節的執行方案就夠了。

對大多數人來說，在細節上表現的更多是一種習慣，全賴於我們的性格和平時的養成。「性格即命運」，而性格多多少少地會表現在許多不經意的細節上。注意細節，應該把工夫用在平時，不斷完善我們的性格，養成良好的習慣，關鍵的時候才能水到渠成地流露「本色」，不至於讓人感覺到虛偽、做作。

很顯然，處理和分析日常瑣事展現了一個人的機動性，在簡單的行為中，更要自主發揮出自身具有的內涵。你要能夠在很基礎的，甚至可能很凌亂的事件中保持冷靜，理性地分析、思考，這樣才能把自己所做的昇華為成功。否則，就算你堅持下去，日復一日的不過是無意義的重複罷了。

10. 工作中的無藉口原則

對企業來說，要實現事業常青，提升競爭力，員工首先必須做好本職工作。「不找任何藉口，做好本職工作」，重點在於每一位員工要想盡辦法去完成任何一項任務，而不是為沒有完成任務找藉口；哪怕看似合理也不行。這是最起碼、最基本的團隊精神。一位優秀員工的身上應展現出負責、敬業的精神，盡力展現出完美的執行能力。

要拒絕平凡，使自己變得卓越，就要保持一顆積極、絕不輕易放棄的心，盡量發掘出周遭人或事物最好的一面，從中尋求正面的看法，讓自己有超越自我的動力。即使失敗了，也要保持平常心，及時汲取教訓，把失敗視為向目標前進的階梯，而不要讓藉口成為我們成功路上的絆腳石！

不尋找藉口，就是勇於承擔責任；不尋找藉口，就是永不放棄；不尋找藉口，就是銳意進取……所以，要做一名優秀的員工，千萬不要找藉口！把找藉口的時間和精力用到工作上，因為工作中的失誤沒有藉口，人生的錯誤也沒有藉口，失敗更沒有藉口。成功只屬於那些不尋找藉口的人！

美國總統杜魯門（Harry S. Truman）有一句著名的座右

銘：「責任到此，請勿推辭！」每一個優秀的員工都應記住這句話，不管出現什麼樣的狀況，不找任何藉口，專注於做好本職工作。

服從是敬業精神的具體展現，敬業是團隊精神的具體展現，只有具有團隊精神的人，才能在競爭激烈的現代企業中不會被淘汰出局並謀得發展。對那些在工作中推三阻四，整日抱怨，尋找種種藉口為自己開脫的人；對那些不願意去更好地滿足顧客的要求，不想努力為客戶提供預期外服務的人；對那些工作沒有熱情，總是推卸責任，不知道自我反省的人；對那些不服從上級指示，無法按期完成工作的人；對那些總是挑三揀四，對自己的企業、主管、工作不滿意的人，我們都應該大聲而嚴肅、斬釘截鐵地告訴他：記住，這是你的工作！

許多企業都努力把自己的員工培養成主動為工作負起責任的人。工作主動負責、自動自發的員工，會勇於承擔，有獨立思考能力。他們不會像機器一樣，別人吩咐做什麼他就做什麼，而會發揮創意，出色地完成任務。而無法自動自發工作的員工，則會告訴自己，主管沒有讓我做的事，我又何必插手呢？又沒有額外的獎勵！這兩種不同的想法會明顯地讓人有不同的工作表現。

在企業裡有三種很典型的員工：

- 第一種，是完全被動的人，被動地對待工作，不會主動去承擔責任和追求貢獻。
- 第二種，是麻木的、對工作的概念只是賺錢的人。他們抱著為薪水而工作的態度，為了工作而工作。他們不是企業可以依靠、主管可以信賴的員工，也不是優秀的員工。
- 第三種，完美地展現出真正的工作哲學：自動自發，自我激勵，視工作為快樂。相信這樣的員工，是每一個團隊都樂於接納的。持有這種工作態度的員工，是每一個企業所追求、尋找的員工，他所在的企業也會給予他最大的回報。

優秀的員工都明白，如果想登上通往成功的階梯，就要永遠保持主動、積極的精神去為團隊工作，自覺而且出色地做好自己的事情。這是團隊最需要的一種精神，也是團隊精神的原則之一。自動自發、積極主動的人會為團隊帶來活力，能得到企業的器重，同時他們自己也從中得到滿足。

11. 自發性工作的價值

許多普通上班族，他們在工作中大多是茫然的。他們每天在茫然中上下班，到了固定的日子領薪水，高興或抱怨一番後，繼續茫然地上班、下班……他們從不思索關於工作的問題：什麼是工作？工作是為什麼？可以想見，他們只是被動地應付工作，為了工作而工作，不可能在工作中投入自己全部的熱情和智慧。他們只是在機械地完成任務，而不是去創造性地、自動自發地工作。

當我們依然無意識地支配自己的工作時，很難說我們對工作的熱情、智慧、信念、創造力已被最大限度地激發出來了，也很難說我們的工作是卓有成效的。我們只不過是在「過日子」或者「混日子」罷了。

卓有成效和積極主動的人，他們總是在工作中付出雙倍甚至更多的智慧、熱情、信念、想像和創造力，而失敗者和消極被動的人，卻將這些深深地埋藏，他們有的只是逃避、指責和抱怨。

對每一個企業和主管而言，他們需要的絕不是那種僅僅遵守紀律、循規蹈矩，卻缺乏熱情和責任感，無法積極主動、自動自發地工作的員工。

工作不是一個關於什麼事得什麼報酬的問題，而是一個關於人生的命題。工作是自動自發，工作是付出努力。正是為了成就什麼或獲得什麼，我們才專注於工作，並付出精力。從這方面來說，工作不是我們為了謀生才去做的事，而是值得我們用生命去做的事。

隨時準備掌握機會，展現超乎他人要求的工作表現。知道自己工作的意義和責任，並永遠保持自動自發的工作態度，為自己的行為負責，這是那些脫穎而出的員工和凡事得過且過的員工最明顯的區別。

明白了這個道理，並以這樣的眼光來重新審視我們的工作，工作就不再成為一種負擔，即使是最平凡的工作也會變得意義非凡。在各式各樣的工作中，當我們發現那些需要做的事情 —— 哪怕並不是分內之事，就意味著我們發現了超越他人的機會。因為在自動自發地工作的背後，需要你付出比別人更多的智慧、熱情、責任、想像和創造力。

每個主管都希望自己的員工能主動工作，邊思考邊工作。對於發出指令、按個按鈕，才會動一動的「機械型」員工，沒有人會欣賞，更沒有主管願意接受。職場中，這類只知機械地守成工作的「應聲蟲」，主管會毫不猶豫地把他剔除升遷的考慮之外。

12. 盡可能減少缺勤與請假

「我常缺勤，可我有才能！」不要妄想用這樣的話應付主管，要知道，缺勤請假是那些不思進取的人常做的事。

在一家文化傳播公司，有一位很有才幹的年輕人。他常常缺勤，有時甚至連假都不請就去辦自己的私事。他已經工作一年多了，本來是有機會晉升的，但就因為他這個毛病，在考慮升遷人員的名單裡，他的名字一次次地被劃掉。主管並非不准員工請假，畢竟人難免會生病、有急事。但在業務繁忙的時期，主管對於下屬請假多少會有些不悅，這種心態是無可厚非的。多數主管都不會希望看到下屬經常不在職位上。

員工經常缺勤請假，從某種意義上說明員工缺乏積極主動的精神，這樣必定會留給主管不好的印象，也必定會影響你的升遷。所以，不要輕易缺勤請假。

在現今的企業制度之下，因為分工的實行，個人應該分擔的責任相對減少；相形之下，出勤狀況自然成為評定員工績效的重要標準之一。由此可見，員工對於請假所持態度，對於個人升遷和對企業的整體發展有著極其重大的影響。這種現象和趨勢，對於基層人員及部門管理人員影響力更大。

當主管在評價兩個實力相當的員工，以及決定給他們獎賞和升遷機會時，有很多指標都是模糊的，最後他們的出勤時數就有可能作為參考衡量的指標之一。在此種情形下，諸如責任心、合作精神、創造性等等，反而往往會讓位並處於次要的地位。

切不可做一個先斬後奏的自由主義者。請假對於員工而言是常有的事情，按規定事前向上級主管請示，待獲得允許即可。請假的方式和頻率，往往也可能成為企業評價的重要依據。企業將以此評定一個人的工作態度，進而影響到你的考核成績。無論如何，不可肆無忌憚地想請假就請假，也要多為主管和企業設想。當心留下不良紀錄，影響自己的業績考核和升遷。

一個人或一個企業的形象是很重要的，經常缺勤請假不僅會影響自己的形象，還會影響企業的發展，甚至影響別的員工也缺勤請假；明白會有這樣嚴重的後果，我們就該考慮一下日後是否要經常缺勤請假！

第七章

高效時間觀念的培養

智慧、時間、誠意都是企業的另一種投資。不懂這個道理的人，就不是真正的公司從業者。

——〔日〕松下幸之助

01. 培養高效工作的時間觀念

同樣的工作時間，同樣的工作量，為什麼有些人總比另外一些人更早完成，而且做得更好。其關鍵的差別就是在於合理、有效地利用時間。

要想在企業裡贏得主管的讚賞，要想獲得比別人更大的成就，你就必須學會有效地利用時間。

如果你想有效地管理時間和利用時間，在自己的職業生涯中創造輝煌成績，那麼最行之有效的方法就是：培養自己根據工作的輕重緩急來安排和行事的習慣。

一個員工要想在職場中脫穎而出，就必須具有時間觀念，認真計劃每一天，並且要比別人做得更快，做得更好，這是職場人士走向成功的必經之路。

02. 同時聚焦時間與精力

每一件事和每一項工作都會有其特定的最好結果，這個最好結果就是我們做事時所期望達到的最終目標。如果沒有目標，就不可能有切實的行動，更不可能獲得實際的結果；如果有目標，你就能決定自己的命運。

心中一開始就有最終目標，意味著你早就知道自己的目的地在哪裡，你知道自己現在身處何處，是否朝著自己的目標前進。至少可以肯定，你邁出的每一步方向是否正確。這會讓你養成一種理性的判斷和工作習慣，讓你有與眾不同的眼界。

善於將時間和精力運用在「最終」目標上的人更可能也更容易成功。

怎樣才能把時間和精力集中在同個目標上呢？從大方向來看，可從以下幾個方面著手：

學會放棄

不懂得放棄的人，永遠無法集中精力專注於一個方向。懂得取捨的人深知生命中有太多誘惑，太多選擇，只有把不值得追求的都拋棄掉，才能朝著目標努力。

檢視你的積極性

如果你發現自己做事的積極性不高或者沒有積極性，你就要認真考慮一下，是否偏離了自己既定的方向。

經常問問自己有多少責任感

每做一件事，都承擔了一定的責任。當你發覺自己沒多大責任感時，你就要想一想是否偏離了目標。

及時評估進展

要及時評估離目標尚有多遠，尚有哪些事情要做，還要在哪些方面投入或付出，最好列出一張表格，這樣可以少走彎路。

發現錯誤就及時糾正

這一點很重要，就像航行要隨時校正自己的方向，如出現偏誤沒有及時發現，走得越遠，麻煩越大。

03. 提升工作效率的時間管理技巧

提高工作效率的關鍵在於專心致志地做最有價值的工作，一次只做一件事，並不斷實踐，將其養成一種工作習慣。如此一來，工作效率就會成倍增加，進而獲得更多可自由支配的時間，有效地進行時間管理。

下面是一些具體的工作方法，供大家參考：

盡量避免被打擾

電話、郵件和訊息是一個被打擾的因素，如何處理是很關鍵的事情。對於非技術支援性質的工作，郵件和訊息一天處理 2 次即可，可以在某個固定時間集中處理。對於電話，要盡量縮短時間，減少被打擾造成的影響，盡快回復到原先的工作狀態。偶爾電話鈴響時，先不急著去接，把手上的工作做個記號，等接完電話後，透過記號知道自己做到什麼地方、什麼程度，就可以很快地再繼續。

留給自己思考的時間

少看、多想，思考的過程要及時寫到記事本，記錄在手機、筆記型電腦和平板裡也是不錯的選擇，因為某些靈感的火花可能會稍縱即逝，因此要將其記錄下來，以便日後整理。

關掉手機通知

手機通知常是影響人專注思考的來源，要避免被人打擾，開啟勿擾或飛航模式是一個不錯的辦法。

忘記垃圾郵件

每天都會收到一兩封「您被攔截的郵件」，不必浪費時間在被過濾的數百個郵件中尋找少見的「非垃圾」郵件。如果別人的郵件確實重要，那麼他肯定會想其他辦法聯繫你的，所以不必再浪費時間去看垃圾郵件。

04. 正確的時間管理觀念

對我們來說，什麼樣的時間觀念才算是正確的呢？這是一個見仁見智的問題。許多時間管理專家都指出：時間是與生俱來的，它像空氣一樣支持人們的生存，又像五臟六腑那樣提供我們不同的用途。因此，只要我們將時間視為中性資源，這樣才有可能對它做出比較有效的運用。

視時間為中性資源，猶如人力、財力、物力與技術資源那樣，將有助於我們切實把握「現在」，而不致迷失於「過去」或「未來」。但這並不意味著「過去」與「未來」不重要。「過去」猶如一面鏡子，足以令我們認清自己，以免重蹈覆轍；「未來」是「現在」努力的導向與終結。不過，只有「現在」才是我們可以採取行動的時間。世界上的所有成就都是當下塑造的。因此，我們應該記住「過去」，把握「現在」，放眼「未來」。正像一位哲人對時間的看法那樣：

昨天是一張已經過期的支票，

明天是一張尚未到手的支票，

今天則是隨時可運用的現金。請善用它！

05. 高效時間管理的成效

效率是管理中極其重要的組成部分，它是指輸入與輸出的關係。對於固定的輸入，如果你能獲得更多的輸出，你等於就提高效率。類似的，對於較少的輸入，你如果能夠獲得同樣的輸出，同樣也是提高效率的表現。因為管理者擁有的輸入資源是有限的，所以他們必須關心這些資源的有效利用。因此，管理就是要使成本最小化。然而，僅僅有效率是不夠的，管理還必須使活動實現預定的目標，即追求活動的效果。當管理者實現了預定目標，我們就能說他們是有效果的。因此，時間管理不僅要使活動實現目標，即有結果，而且要盡可能有效率地完成。

1987 年，義大利經濟學家帕雷托（Vilfredo Pareto）在對 19 世紀英國社會各階層的財富和收益統計分析時發現，社會的絕大部分財富都集中在少數人手裡，而其他絕大部分人只擁有少量的社會財富。這種統計的不平衡性在社會中無處不在，這就是二八法則，即 80%的結果（產出、酬勞），往往源於 20%的原因（投入、努力）。

習慣上，我們認為所有顧客一樣重要，所有生意，每一種產品和每一分利潤都一樣好，都必須付出相同的努力，所得到的機會都有近似價值。而二八法則恰恰指出了在原因和結果、投入和產出、努力和報酬之間存在這種典型的不平衡現象：80%的成績，歸功於20%的努力；20%的產品或客戶，占了約80%的營業額；20%的產品和顧客，主導著企業80%的獲利。二八法則告訴我們，不要平均地分析、處理和看待問題，企業經營和管理中要抓住關鍵少數，要找出那些能為企業帶來80%利潤，總量卻僅占20%的關鍵客戶，加強服務，從而達到事半功倍的效果。

每個員工也要認真歸類、分析工作過程，把主要精力花在解決重要問題、處理重要專案上，不應事無鉅細，面面俱到。二八法則同樣適用於我們的生活，例如一個人應該選擇在幾件事上追求卓越，而不必強求在每件事上都有好的表現；鎖定少數能完成的人生目標，而不必追求所有的機會。

平時用80%的時間做重要緊急的事情，而用20%的時間做其他事情，而這20%的時間要用在投資未來的80%成功。

06. 高效利用時間的策略

哲學家和詩人歌德曾說我們都擁有足夠的時間，只需要善加利用。一個人如果無法有效利用有限的時間，就會被時間追著跑，成為時間的奴隸。一旦成為時間的弱者，他就可能永遠處於不利局面當中。因為放棄時間的人，同樣也會被時間放棄。

儘管對任何人來說，時間的價值非比尋常，它與人生的發展和成功關係密切。然而，時間似乎總是人們最容易浪費掉的東西。可以這樣說，大千世界中，沒有什麼東西比時間更容易被虛度。

同樣的工作時間，同樣的工作量，為什麼你無法像別人那樣在第一時間完成？亨利．福特（Henry Ford）這樣解釋人們每天花在處理一些沒必要的事情上的時間：

1. 打太多無意義的電話；
2. 上班時間吃早餐；
3. 上班時間談論私人事務；
4. 花太多時間計較細枝末節；
5. 所讀的東西沒有任何資訊可言，也沒有帶來任何啟發；

6. 把上班時間拿來做白日夢；
7. 在不重要或不值得做的事情上，投入寶貴的時間和精力；
8. 拜訪太多的朋友，且拜訪時間太久。

這些聽起來是不是很熟悉呢？你說不定可以在這個清單上再新增點別的事項，說明自己工作時是如何浪費時間的。如果是這樣，你已浪費了很多時間。要想成為一個成功的職場人士，你必須解決浪費時間的問題。每個人的時間都掌握在自己手上，全天下除了你自己外，沒有人能夠為你解決浪費時間的問題。在這裡，你若想徹底剷除浪費時間的根源，就要把分走你時間的多餘「枝枒」摘除，只有這樣，你才能提高工作效率，享受成功的果實。

07. 妥善管理個人時間

要提高工作效率，就要掌握好時間，利用好時間，管理好時間。

一談到時間管理，人們首先會想到如何在工作上有效地利用時間。這方面有很多相關書籍及專家的建議，比如寫工作計畫；用 ABCD 列出每天要做的事的優先順序然後遵照執行；運用 8：2 原則；提高工作效率等。其次會想到在業餘時如何有效地利用時間在學習或工作上。

其實，這樣理解時間管理是錯誤的。真正的時間管理，應該涉及人生的八大領域，而不僅是某一兩個領域。這八大領域是：健康、工作、智慧、人際關係、理財、家庭、心靈沉澱和休閒。

管理時間就是耕耘你自己。時間管理實際上是把你有效的時間投資於你要成為的人或你想做成的事，你投資什麼，就會收穫什麼。你投資於健康就會在健康上收穫；你投資於人際關係，你就會在人際關係上有收穫。儘管我們總覺得時間管理應該主要是與工作相關，但你的時間分配還是必須顧及到八大領域，這才是對時間最好的分配。比如在休假日，你也許該在家庭、健康、休閒上有更多的時間分配，而不是工作。

然而，在時間管理上的最大失誤是不清楚時間管理的目的性。時間是過去、現在、未來的一條連貫線，構成時間的要素是事件，時間管理的目的是控制事件。所以，你要有效地進行時間管理，首先必須有一套明確的遠期、中期、近期目標；其次是有一定的價值觀和信念；第三是根據目標制定你的長期計畫和短期計畫，然後分解為年計畫、月計畫、週計畫、日計畫；第四是相應的日結果、月結果、年結果，及每個結果的回饋和計畫的修正。這個過程實際上是一個循環。

你在進行時間管理時，要格外注意以下 4 點：

1. 時間管理與目標的設定和執行有著相輔相成的關係，時間管理與目標管理是不可分割的。你的工作、事業、生活等目標中，每完成一個小目標，會讓你清楚地知道你與大目標的距離，你的每日計畫都必須結合你的目標。
2. 在時間管理中，必須學會運用 8：2 原則，要讓 20%的投入產生 80%的效益。從個人角度看，要把一天中 20%的精華時間用在關鍵的思考和準備上。你可以根據你的生活狀態，即生理時鐘，來確定你 20%的精華時間是哪個時段。
3. 最推薦的是：每一天，你要強迫自己執行 6 件對你未來有影響的事情。這 6 件事不包括基本的工作和雜事，要盡量涉及到 8 個領域。
4. 有計畫，才有效率和成功。評估時間管理是否有效，主要是看你目標達成的程度。時間管理最為關鍵的要素是設定目標和價值觀；時間管理的關鍵技巧是習慣，當你習慣運用時間管理工具，一切就變得有序且有效了。

時間管理是一種心態，時間管理無法說將事情安排妥當或完成事情就好，你應該要更長遠和更系統性地考慮你的時間分配和使用效率。

08. 精確時間計算的實踐

凡在工作中表現出色，得到主管賞識的人，都有一個促使他們取得成功的好習慣：變「閒暇」為「不閒」，也就是抓住工作時間的分分秒秒，不圖清閒，不貪暫時的安逸。

時間是由分秒積成的，用「分」計算時間的人，比用「時」來計算時間的人更有對時間流逝速度的危機感。因此，善於利用零星時間的人，總會做出更大的成就來。

琳達受聘於一家顧問公司，她平均每年要負責處理 130 宗案件，而且她的大部分時間都是在飛機上度過的。琳達認為和客戶保持良好關係是非常重要的，因此她會在飛機上草擬要寄給客戶們的郵件內容。她說：「我已經習慣這樣了，再說這有什麼壞處呢？」一位等候提行李的旅客對她說：「在這 3 個小時裡，我注意到你一直在處理工作，你一定會得到主管重用的。」琳達則笑著說：「我現在已經是公司的副總了。」

因此說，利用和管理好時間，不僅可以提高你的工作效率，甚至為你帶來升遷的機會，分秒必爭，行動起來吧，你將會獲得意料之外的驚喜。

09. 利用時間壓力提升效率

上班族當然都期盼每天可以輕輕鬆鬆地上班，可是既然是工作，當然不如在家裡那麼自由，尤其是如果某些事務有時效壓力時，要想放輕鬆就不那麼容易了，所以今天我們就來探討一下：在時間的壓力下如何放輕鬆？

小張接受了一項為某新興品牌進行市場調查的任務。他首先需要擬定一份市場調查問卷，因該品牌是一個新的品牌，小張對它還不了解，於是設計問卷的過程產生了困難。當主管問他需要多少時間完成問卷設計時，他回答說：「因為我對這個品牌還不熟悉，我想大概要三天時間吧。」主管告訴他：「我們都知道這是一個新品牌，但由於時間緊張，不能因為這個影響整體上市進度。我希望你在一天的時間內交出這個問卷，如果有困難我們可以提供幫助，但是一天後，我希望見到這個問卷的初始設計。」

小張壓力很大，於是想了一個辦法，他花半天時間收集了市場上與這個品牌相近的產品廣告、宣傳冊等，另外再找到設計這個產品的部門，向他們了解關於這個產品的設計思路、銷售對象、價格等。做完這些，他又花半天的時間整理、設計，終於在下班前把問卷交到主管手裡。而主管相當滿意這份問卷。

事實上，越不放鬆心情，時間帶來的壓力就會越大。也許你會問：既然有時效上的壓力，比如說一個小時後就要召開的會議，你現在卻還在趕著處理會議中要報告的重要事項，這要如何放輕鬆呢？

可能你會想，這時候就是拚命趕、什麼都不想最好；實則不然，因為這樣拚命趕不是辦法，效率不高，不如先花一分鐘靜下來，整理一下思緒，想清楚事情，並且告訴自己：越輕鬆打字越不會錯，時間才越來得及。只要一分鐘，整理一下你的思緒，然後你再開始全力趕工，相信你可以既輕鬆又準時地完工。

否則你埋頭苦幹，可能忙了半天，電腦按錯一個鍵，所有的資料不見了，一切白搭不說，還要從頭開始，這肯定來不及；又或者你趕是趕出來了，但是一上場才發現問題百出，或者雖然不是問題百出，卻有個致命錯誤，這都會造成很嚴重的後果；所以越是有時間壓力越要先放輕鬆，你寧可先放鬆一分鐘，想清楚再開始，也就是謀定而後動。

欲速則不達，越有時間壓力，越不該急躁。先花一分鐘放輕鬆，整理思緒，做好準備，再開始衝刺，絕對比慌慌張張地衝到現場才發現最重要的資料忘了帶更有效率；而當工作完成，不論時間多急，花一分鐘再檢查一遍，以免發生致命錯誤。這都是在時間的壓力下仍然可以放輕鬆的重要方法。

告訴自己，時間（速度）不是最重要的，正確才是最重要的。比如去爬山，有人急急忙忙出發、路都沒認清楚就拚命往前，結果走錯路，這時候如果他先前走得不快（不遠），要回頭還算容易；如果他已經走很遠了，要回頭可真是辛苦，所以是匆匆忙忙出發趕路重要呢？還是先弄清楚方向重要呢？當然是後者重要。

因此，工作上不論有多大的時間壓力，你都應該保持鎮靜，因為方向、品質的正確，永遠比是否趕上進度重要，否則，稍有瑕疵，將來貨物賣不出去了，還要回收來補救，可真是得不償失。

而在實際上的例證中，當你能先搞清楚方向，不管時間壓力且仍然堅持正確的生產流程與品質管理，絕不因而馬虎敷衍，反而最後都可以及時趕上；若你越是因為時間不夠而粗心大意，越是會浪費更多時間。

在工作中人們往往感覺時間不夠用，因而產生壓力。實際上，保持適當的緊張感，有利於實現目標，提高工作效率。以下是如何有效利用時間壓力的一些方法。

明確工作目標

1. 訂立目標。必須了解工作的目標，以書面方式定下一套明確的步驟。目標必須具體，切實可行。
2. 確立每日的工作計畫。安排好每天應做的工作，然後按照輕重緩急，依次完成所有事項。
3. 清楚地界定工作目標。如果你的目標含混不清，等於沒有目標，只是願望而已。目標必須明確，愈清楚愈好。不要寫「我要賺大錢」，而要明確「我要賺多少錢」，加個期限，比方「年底前」、「2024 至 2025 年間」，這樣才是明確的目標。有了目標，才有動力去實現它。

設定工作期限

工作時限有激勵作用，如果沒有時間限制和壓力，人的惰性就會拖延工作進度，甚至無限期地拖延下去。因此設定最後工作期限，有利於員工時時刻刻想著工作的完成期限，從而提高工作效率。這是合理運用時間壓力的一種藝術和方法。當然，工作期限的設定必須合乎情理，要能夠實現，而不是不切實際。

立即行動

1. 要把握現在。時間包括三個部分：過去、現在和將來。「現在」這部分時間最寶貴、最重要。要把握現在，才能把握將來，誰放棄了現在，誰就葬送將來。
2. 改變拖延的習慣。做事要有魄力，應避免優柔寡斷和延後不決的壞習慣。拖延無法緩解壓力，相反它會增加時間流逝帶來的壓力，使你總是覺得時間不夠用，從而增加負面情緒。

要節約時間成本

講究利用時間的效率，盡量減少沒有效率的會議、談話等，要衡量付出的時間成本是否和所取得的效益成正比。

做事情分清輕重緩急

大多數事情並不是馬上就要完成的，因此要分清輕重緩急，減輕自己的時間壓力。先做急需做的，從而把壓力集中在最需要完成的任務上。

以上是合理利用時間壓力的一些方法，在實踐中要靈活使用，避免壓力過大而適得其反。

10. 珍惜時間：時間即效益

班傑明·富蘭克林（Benjamin Franklin）的時代是美國資本主義發展的最初階段，他留下的自傳及《窮理查年鑑》（*Poor Richard Improved*）是關於美國敬業精神最早、最完美的闡釋，他說：

「切記，時間就是金錢。假如一個人憑自己的勞動一天能賺十先令，那麼，如果他這天外出或閒坐半天，即使這期間只花了六先令，也不應認為這就是他全部的耗費；他其實花掉了、或應說是白扔了另外四個先令。」

「誰若每天虛擲了可值四先令的時間，實際上就等於每天虛擲了使用一百英鎊的權益。」

「誰若白白損失了可值四先令的時間，實際上就是白白失掉四先令，這就如同故意將四先令扔進大海。」

「誰若丟失了四先令，實際上丟失的便不只是這四先令，而是丟失了這四先令在周轉中帶來的所有收益，這收益到一個年輕人老了的時候會積成一大筆錢。」

在現代社會，貨幣化是一種大趨勢；時間也可以用貨幣來衡量，貨幣能增值，時間也能增值。美國早期資本主義時期，實際上把很多東西都看作資本，增值是資本的唯一目的。在富蘭克林眼中，時間也是一種資本，利用好時間，就可獲得不斷增值的時間收益。而浪費時間，也是在浪費不斷增值、數量可觀的時間資本。因此，在職業生涯中，我們每浪費掉任何一分一秒，就要清楚地意識到我們是在浪費、揮霍金錢和資本，而且是在浪費數目大得驚人的金錢和資本。

11. 不浪費任何工作時間

成功人士在杜絕時間浪費的習慣後，是如何最大限度地有效運用時間，抓緊機會掌控時間的呢？實際上，成功者管理、利用時間的方式，並沒有什麼了不起的訣竅。他們只不過做到了以下三條而已。

變「閒暇」為「不閒」

前面說過，凡在工作中表現出色，得到主管賞識的人，都有一個促使他們取得成功的好習慣：變「閒暇」為「不閒」，也就是抓住工作時間的分分秒秒，不圖清閒，不貪暫時的安逸。

凡事分清輕重緩急

當你善於抓緊時間工作的時候，你還應懂得，凡事都有輕重緩急，重要性最高的事情，應該優先處理，不應該和重要性最低的事情混為一談。

大多數重大目標無法達成的主因，就是因為你把大多數時間都花在順序次要的事情上。所以，你必須學會根據自己的核心價值，排定日常工作的優先順序。建立起次序，然後堅守這個原則，並把這些事項安排到自己的例行工作中。

1. 急迫而重要的，一定要盡快完成。例如制定方案等。
2. 重要但不急迫的。雖然沒有設定期限，但應早點完成，這樣可以減輕工作負擔，增加工作表現。如對工作的長遠規畫。
3. 急迫而不重要的，可擇時完成。
4. 既不急迫又不重要的。如「雞毛蒜皮」的小事，這樣的事可做可不做。

「分清輕重緩急，安排優先順序」，是時間管理的精髓。成功人士都是以分清主次的辦法來管理時間的，把時間用在最具有「生產力」的地方。帕雷托法則告訴我們：應該利用20%的精華時間做能帶來 80%回報的事情，剩下的時間再做其他事情。

記住這個法則，並把它融入工作當中，對最具價值的工作投入最精華的時間，否則你永遠都不會感到安心，只會一直覺得陷入無止境的賽跑裡頭，永遠也贏不了時間。

預先規劃

「凡事豫則立」。如果你能制定一個具前瞻性的工作進度表，你一定能真正掌握時間，在期限內出色地完成上級交付的工作，並在盡到職責的同時，兼顧效率、經濟及和諧。正如一位成功的職場人士所說：「你應該在一天中最有效的時間裡訂一個計畫，僅僅花 20 分鐘就能免去 1 個小時的苦思，安排好真正必須做的事情。」

總之，誰善於利用時間，誰的時間就會成為「黃金時間」。身為一名員工，當你能夠高效率地利用時間的時候，你對時間就會有全新的認知，知道一秒鐘的價值，知道一分鐘裡究竟能做多少事。這時，若再擔心不被主管賞識，也是杞人憂天了。

12. 少言多行的工作原則

在忙碌的工作之餘，說幾句閒話，可以活躍辦公室的氣氛，放鬆一下緊繃的身心，但是閒談要有原則，不可論人是非，製造流言蜚語，尤其是對同事的諷刺和挖苦最不可取。類似的閒話對開展工作是毫無益處的。

雖然論人「非」的惡行通常不會背負法律責任，卻極不利同事之間的合作。

很顯然，在工作場所，同事們的負面情緒很容易會破壞你的好心情，甚至因此而爆發衝突。而多數工作都需要同事彼此團結一致，閒談或流言蜚語顯然會妨礙工作正常進行。

因此，職場人士應少說閒話，多做實事。放鬆工作壓力的方法有很多很多，在別人背後惡毒地諷刺、挖苦是最笨的一種，因為受傷害最深的往往是論人是非者自己。

第八章

業績管理的高效培養

01. 高效創造業績的方法

企業的業績管理，歸根究柢是為了創造高效業績，而創造業績的主要對象是人，即企業的員工。無論在什麼企業，員工的素養高低都是影響企業發展的重要因素。一個優秀的員工，除了應具備扎實的業務能力外，還應該具備一個最基本的品質 —— 忠誠。

古往今來，沒有主管會喜歡一個有二心的員工。一個精明幹練的員工，一旦生有異心，他的能力發揮得越充分，儘管是為了企業利益和自身事業考慮，對主管和企業的利益可能損害越大。更多時候，主管需要並提拔那些忠於自己的員工，對三天兩頭就喊著另尋高枝的員工，則會毫不留情地拒之門外。

效忠企業乃是員工的義務，但僅僅只具備這一優點是遠遠不夠的。所謂「在商言商」，企業不是慈善機構，主管也不是菩薩心腸的慈善家，他的最主要目標還是營利，讓生意越做越大。主管僱用你就是為了達到自己的這一目標，要達到這一目的，除忠誠以外，還需要你盡可能完成工作，對企業的發展做出貢獻；這兩條相輔相成，缺一不可。

對員工而言，透過一系列財務報表反映出來的工作業績，最能證明你的工作能力，顯示你過人的魄力，展現你的個人價值。

事實表明，既能跟主管同舟共濟，又業績斐然的員工，是最受主管青睞的員工。如果你在工作的每一階段，總能找出更有效率、更經濟實惠的辦事方法，你就能提升自己在主管心目中的地位。你將會受到提拔，會被委以重任。因為業績出色，已使你變成一位不可取代的重要人物。如果你僅有忠誠，總無業績可言，就算一輩子盡忠也難有起色，主管也會猶豫是否要重用你，因為把重要而難辦的事交給你也令人不放心。更進一步講，受利潤驅使，再有耐心的主管，也絕對難以容忍一個長期無業績的員工。屆時，即使你忠誠、守本分，再怎麼忠於企業，主管也難以忍受並會捨棄毫無業績的你，留下忠心且業績突出的員工。

不要責怪主管薄情寡義。一個企業要想長期發展，僅僅依靠員工的忠誠是不夠的。一個成功的主管背後，必須有一群能力卓越，忠心耿耿且業績突出的員工。沒有這些成功的員工，公司的輝煌事業將無法繼續下去。所以，主管看重忠誠，更看重業績，勢在必然。

總之，你千萬不要以為自己的忠誠能獲得主管認可，能保證自己不被列入裁員的名單中。僅靠忠誠博得主管歡心只是暫時的。出色的業績，對主管才最具吸引力，才是你立於不敗之地的真正王牌。

02. 努力提升業績與創造利潤

現代社會是一個「利潤至上」的年代，每一個公司為了生存、發展也不得不秉持這一原則。因此，身為員工首先要考慮的就是你為公司賺了多少錢，高過你的薪水了嗎？要知道，如果公司不賺錢，又怎麼能養活公司的每個員工，怎麼回饋給社會呢？每個公司都需要員工具備這樣一個簡單而重要的觀念。

紐約一家金融公司的總裁曾經告訴全體員工：所有的辦公用紙必須要用完兩面才能扔掉。這樣一條規定在很多人眼裡看來幾乎不可思議，一定會以為這位主管肯定是一個無比吝嗇的人，連一張紙上都要省。但是，這位主管如此解釋道：「我要讓每一個員工都知道這樣做可以減少公司的支出，儘管一張紙花不了多少錢，卻可以讓每個員工養成節約成本的習慣，這樣一來就能增加公司的利潤。因此，這樣做是十分重要的。」

千萬不要認為一個公司只有生產和行銷人員才能爭取客

戶，為公司賺錢。公司所有的員工和部門都需要積極行動，為公司營利。

所有公司要產生利潤，就必須依仗開源和節流。不直接與客戶打交道的人至少也應懂得節省成本的重要。浪費只會使公司到手的利潤大打折扣。

如果你十分清楚自己對公司盈虧有義不容辭的責任，就會很自然地留意到身邊的各種機會，而只要積極行動，就會有收穫。

迪克是一家超級市場中負責推銷雞蛋的店員，工作不久，就取得了不錯的銷售業績，得到了主管的誇獎。他是怎樣做到的呢？

在飲料櫃檯前，顧客走過來點了一杯蛋蜜汁。

他總是微笑著對顧客說：「先生，你願意在飲料中加入一個還是兩個雞蛋呢？」

顧客：「哦，一個就夠了。」

這樣就能多賣出一個雞蛋。在蛋蜜汁中加雞蛋通常是要另外收錢的。

讓我們比較一下，上面那句話的效果有多大。假使員工是這樣問的：

員工：「先生，需要在你的飲料中多加一個雞蛋嗎？」

顧客：「哦，不用了，謝謝。」

可見，員工積極營利的行動和責任感結合起來是多麼重要！

如果你想在競爭激烈的職場中有所發展，成為主管器重的人物，就必須牢記，為公司賺到錢才是最重要的。請立即以此為目標著手改善你的工作方法。千萬不要以為只要當一個聽話的職員就夠了，你應該想方設法為公司創造價值，因為公司請你來就是希望你能夠為公司創造價值。因此，無論你是開展工作，還是為主管服務，你都要把為公司創造利潤作為你最重要的目標。

03. 有效益的工作哲學

經濟效益是企業一切經濟活動的根本出發點，採用現代管理方法、提高經營管理水準是提高企業經濟效益的主要方法，科學管理也是現代企業制度的重要內容。

管理和科技兩者本身就是不可分割、相互依賴、相互促進的。因為管理本身就是一種科學，提高管理能力也需要先進的科學技術和手段，而且也有利於先進技術的有效使用。因此，若說提高經濟效益是企業一切經濟活動的出發點，是企業生產的最大目的的話，那麼依靠科技和管理則是達到這一目的的兩種方法和途徑，它們是一致的，只是兩個不同的方面而已。

1. 運用科學的企業管理手段，有效地發揮人力、物力等各種資源的效能，以最小的消耗、生產出最大量的符合市場需求的產品，有利於企業提高經濟效益。
2. 身為企業的組織者和經營者，既要合理安排企業，又要配合當時趨勢，遵循價值規律，適時適宜地規劃企業生產，掌握市場消息，了解市場行情，提高產品品質，做好售後服務等。
3. 誰抓住了科技先機，誰就搶占了經濟發展的制高點。各國的經濟競賽實質就是科技水準的競爭，而科技競爭其實就是人才的競爭，因此，科技和人才是興國之本，要牢牢樹立人力資源是第一資源的觀念。

競爭是市場經濟的永恆規律，市場是檢驗企業經營管理的試金石，企業經營成功，就能在激烈的競爭中求得生存和發展；如果經營管理不善，就會在激烈的市場競爭中遭到淘汰。因此，在市場競爭中，按照優勝劣汰的原則，出現企業的兼併和破產是必然的。我們應該如何來理解這兩種現象呢？事實上，企業的兼併和破產有利於企業提高經濟效益。企業是市場的主體。企業經濟效益的高低，主要表現在能否在激烈的市場競爭中站穩腳跟。但由於企業的經營管理和科學技術水準有所差異，在激烈的市場競爭中，必然會出現優勝劣汰，因此，企業的兼併和破產就成為必然。

兼併、聯合、破產都是市場競爭的必然結果，任何違背市場規律的做法都不會達到預期目的。鼓勵兼併、規範破產、不斷完善兼併和破產制度，這對於企業效益的提高、市場經濟的發展，具有重要的促進作用。

04. 成為最賺錢的員工

能夠為企業賺錢的員工，常常是主管青睞的對象。多數職員認為唯命是從、畢恭畢敬，就能討得主管的歡心，有些能力平庸的員工甚至曲意逢迎來換取主管的賞識。

其實，乖乖聽話、俯首聽命的員工，不一定能得到主管的好感。因為在市場競爭如此激烈的今天，主管首先要考慮的是企業的生存與發展，被捧得再開心也比不上企業利潤的成長。因此，主管心中最看重的職員，一定是那些能讓企業最賺錢的職員。

所以每年發年終獎金的時候，那些業績好、營利高的員工一定是主角。鮮花、美酒，當然也少不了豐厚的獎金。很多世界級企業，每到年終就會以業績來為員工排名，排在前列的員工不用說一定是滿面春風，而排在後面的不但臉上無光，還隨時會有被主管解僱的可能。這當然怪不得別人，面對嚴峻的生存形勢，主管只能如此。時下許多企業都會實行考核制度，以此來激勵員工。

所以如果仔細觀察，你就會發現，當主管的不大會遷就人，但他必定會為業績做出各種妥協，因為主管不會跟自己企業的利潤嘔氣。

故而本職工作也好，協助主管也好，必須把努力的目標放在如何幫助企業賺錢和省錢上，單是成為一個聽話的職員，對於你在主管心中的印象一定加不了分。

「利潤至上」至今仍是每個企業的原始動力，雖然這讓許多人費解，可這確是企業存在、發展乃至回饋社會的根本。因此，主管們都希望員工腦中有個簡單卻至關重要的概念，那就是每個企業的成員都有責任盡力幫企業賺錢。一旦員工有這個概念，並習慣基於此一概念行事，一定會見到效果。

05. 自信與素養：業務高手的關鍵

怎樣才稱得上是業務高手呢？有一種說法，75 分外界對你的認可及肯定，加上 25 分的專業自信，就能締造百分百的成功。事實也證明，這個結論是經得起考驗的。

必須自己的專業程度有百分百的自信

專業自信，必須依賴不斷的自我充實。專業能力和自信來自於你對工作內容的熟悉和掌握，這部分有賴自我充電或進修；再者，保持對社會趨勢的敏銳度，培養國際觀也相當重要，不要自我設限而淪為井底之蛙，固定閱讀報章雜誌，這些平日的自我培養，正是成功的關鍵。

必須維持得體打扮

這是自信的重要指標。外在得體的打扮也能為你增添自信風采，乾淨整潔是大原則，它意味著從頭到腳，從服裝到配件，都不可馬虎。

值得注意的是，如果總將自己包裹在制式套裝下，久而久之，連思考模式、行為都會在不知不覺中被制約。其實不妨把打扮當成角色扮演遊戲，在上班前想好即將面對的是哪種類型的人。是客戶、訪客或外賓？還是老人、女性或小孩？你希望帶給他們何種感覺？是端莊、嚴肅或輕鬆休閒？再依此來推廣業務，則顯得既有變化又不失專業。

必須具有對業務活動的滿腔熱情

初進入業務職位，你因懷有一份學以致用的理想，初生之犢不畏虎的勇氣，表現得非常積極，除了不斷充實專業知識外，也努力學習如何以得體的打扮來贏取客戶的認同和信賴。如果能保持下去，你自然會一直顯得精神煥發、生氣勃勃，一副隨時蓄勢待發的模樣。一星期工作四、五十個小時是很平常的，工作日程表上排滿了活動計畫。工作雖繁瑣，你卻總能有條不紊地處理好所有事情，並且對於壓力重重的工作方式樂在其中。這種拚命三郎式的作風，若在客戶及企業界引起注意，也許幾年後，你會被某個具一定規模的企業挖角，並在短時間內晉升為主管心目中的超級業務員。

必須具有成熟老練的業務素養

同樣是創造佳績的業務高手，另一種則屬於截然不同的典型。假如你長得一副慈眉善目的模樣，加上個性溫和，親和力十足；即使是第一次見面，也能輕易卸下客戶的防備心。雖沒有光芒四射的外表、積極的行動力，但井井有條的行事方式一定會讓你善於跟客戶溝通。身為業界的成功人士，你必須展現你的籌畫能力和專業性（假如實在不善於計劃，試著調整做事的方式，記下所有待辦事項，不要忘記回顧）。當你不斷進步，在工作中你會更覺得遊刃有餘。除了開發客源之外，總能找到多餘的時間，傾聽客戶的心聲，並給予他們最佳建議。在客戶心中，你不疾不緩的語調、從容不迫的舉止，和值得信賴的專業知識，都會是你備受好評的原因。

06. 展示業績的有效策略

企業員工為企業服務，並非只要你默默無聞地埋頭苦幹，有時候，一味勤奮是不夠的，你必須引起主管的注意，讓主管看到你的成績，這樣你才可能踏上錦繡般的前程。

企業中的一切以業績為導向，如果主管看不見你的業績，決不會想幫你加薪或提供任何發展的機遇，而這兩項卻是保證員工專注工作的動力。毫無疑問，讓員工在沒有任何激勵機制下專注工作是很難的。因此，在用心工作的同時，加以策略輔助。一旦付出有所收穫，必然更能激勵自己全心投入。

在我們身邊有這樣的人，他專心致志地工作，勤奮、忠誠、守時、可靠並且多才多藝，全心全意地為企業公司付出時間與精力，他應該是前途光明。但事實並非如此，他什麼也沒有得到。而比他差勁的人，卻不斷地獲得升遷及加薪。究其原因，在於他不懂得表現自己，以致上司、主管從來沒有注意到他。時間一長，付出與回報不成正比，他開始對工作失去興趣，牢騷滿腹。

讓主管看到你的業績是保證你始終專注工作的主要因

素。所以，向主管推銷自己，讓主管看到你的表現，這就需要你在本職工作上力求做到最好，事無大小，都應全力以赴。

除了讓有權決定升遷的人知道你有優良表現之外，在同事面前，一樣要保持最佳狀態，要讓同事也覺得你辦事能力強；因為同事對你的評價，也是上級考慮是否提拔你的因素。但要提醒自己，適當地表現自己和以不正當手段吸引別人注意，是完全不同的。真正的自我推銷必須是有創意的，是需要良好技巧的。而且，表現自己必須是光明正大的，不能打擊或貶抑別人的價值。

07. 提高業務能力的核心素養

職場人士要提高業務能力諸方面的素養，必須從以下方面進行努力。

改正從業的態度

從業的態度要謹慎，不要認為事不關己就漠不關心，公司的事情就是自己的事情、同事的事情就是自己的事情，辦事不能拖泥帶水，而應該速斷速決。公司或部門作為一個團隊是每一個成員共生的基礎和平臺，除非你希望你的公司早早倒閉或你另有打算，否則你就應該為公司盡心盡力。事實上，你的工作在為公司創造利潤的同時也是在為你自己創造價值。無論在哪裡工作，獎金和分紅總是和自己的業務績效分不開的。一個人連為自己創造利潤的積極性都沒有，也就別再埋怨「伯樂不常有」了。

要有分秒必爭的時間觀念

常見到一些人每天懶洋洋地來到公司，開電腦上網、看看報紙、喝喝茶、上上廁所，不知不覺一個上午過去了。吃過中餐再睡個午休，下午出外勤後到街上什麼地方隨便逛一下，一天的時間就浪費了。日子久了沒業績不說，自己還分析不出自己的癥結。這種員工對公司來說是創造不出什麼業績的。商場如戰場，任何情形都是瞬息萬變的，開發客戶和維持客源等等機會隨時都有可能被別人捷足先登。任何一個環節都應該有瞻前顧後的事前準備，這種準備工作應該提早一天做好規畫，當天是沒時間再修改的，一切都按部就班地進行。

沒有埋怨

優秀的業務人員在選擇行業時是會考慮該行業的前景和各種影響因素的。一旦選擇了就沒有理由退縮。當你在工作中遇到厲害的競爭對手或者困難時，知難而上是唯一的出路。埋怨和藉口只會讓自己早早敗下陣來。成功者只為失敗找原因，而不會為失敗找理由。世上事不如意者十之八九，沒有什麼是順風順水的。不管是什麼困難，行動是解決問題的唯一方法。

熟練運用現代工具

駕駛技術、電話、電子通訊技術以及其他業務行銷手段的靈活運用，對於提高業務效率都有極大助益。

不要光做白日夢

不要讓太多想法影響自己，沒有什麼空想比行動更有效。現在的年輕人多是充滿理想和抱負的人，都想擁有自己的一片天地。這無可厚非，但前提還是要做好眼前的工作。商場如戰場，對於沒有資金、沒有經驗甚至連從商天賦也不具備的人，僅憑一腔熱血就想成事豈不如同赤膊上陣？

提高自己的業務能力就是認準目標，做事，做事，再做事！直至目標達成！

08. 成為業務高手的途徑

要用正當的服務贏得生意

做生意免不了競爭，但是競爭必須正當合理。當許多廠商在有限的市場中展開激烈競爭時，業務員很容易只顧眼前，或送獎品，或瘋狂折扣，想盡辦法要擴大自己的地盤，使自己在市場上占優勢。然而，若以為這樣就能確保收益，那就是大錯特錯了。

有一句話叫「人各有所好」，你喜歡的，不一定就是他喜歡的。有人喜歡那個東西的形狀，也有人討厭。如果同一個地方有兩家咖啡店，隨顧客的喜好自然會分成兩種不同的客群。如果想獨占顧客，一味給予折扣或送小點心，是徒勞無功的。因此，業務員為了讓大家都能順利經營，讓社會經濟繁榮，必須尊重各人的喜好，發揮各自的特性。

業務員倘若沒有這種想法，一味想盡辦法獨占市場，則必使業界陷入難以挽回的混亂局面。只有以品質和正當服務來合理競爭，才能贏得生意上的成功。

讓老顧客帶來新顧客

如果業務員的敬業精神強，即使不積極爭取，顧客也會自動上門。因為老顧客對你經營的商店抱有好感，會為你帶來新的顧客。例如有一位顧客對他的朋友說：「我經常在那家商店買東西。他們很親切而且周到，我對他們很有好感。」如果這話說得真誠，那麼那位朋友一定會說：「既然你這麼說，應該不會有問題。我也去試試看。」這等於是別人為你開了財路。

由此可見，業務員平時不斷地設法爭取新的顧客，固然重要，但更應該留住老顧客的心。只要能好好留住一位老顧客，或許能因此而增加更多新的顧客；相反地，失去了一位老顧客，則可能使你失去許多新顧客上門的機會，業務員絕不能忽視這一點。

站在對方的立場去衡量

業務員要先衡量自己所經銷的商品，然後信心十足地銷售。這已經可以作為一條法則來談。不過，也應該站在消費者或採購人員的立場，去衡量商品的內容，不應採取無所謂的態度。一般而言，業務員應該分別檢查商品的品質如何、價錢是否合理、需要多少數量、該在什麼時候買進等等問題，盡量符合顧客的需求。

因此，如果你把推銷當成自己是作為顧客採購，那就能隨時想到顧客現在需要什麼，需要的是哪類東西，這樣才能提供讓顧客滿意的建議。例如一位太太為了做晚餐而到市場買魚，如果魚販了解她的需求而建議她說：「太太，這種魚現在正新鮮，而且價錢也不貴。相信你家人一定喜歡。」這種合理的意見，必定會被她採納，生意也就做成了。如此，不僅能使顧客滿意貨品，店裡的生意也必定不會差。

許多業務員往往會為了公司利益，貪圖便宜而一味地要求供貨方減價。這雖是人之常情，但這不是值得鼓勵的現象。因為，必須以雙方滿意，且互相受益的方式買賣，否則日後無法繼續交易，彼此都不會有好結果。因此，應該以替顧客採買物品的態度，一方面堅持公道的買賣原則，另一方面也注重商品的品質，這樣才能皆大歡喜。

多向老前輩請教

企業開發新產品時，到底是否便於推銷，常常在企業內引起強烈的爭論。這種辯論未嘗不可，可是實際上，到底容易銷售與否的問題，最清楚的莫過於業務員。「我們這次的新產品，不知銷路會如何？」老業務員接手一摸、一看，一定會即時告訴你「這好賣」或「這恐怕有困難」。能幹的員工，對產品的暢銷度，確實有料事如神的某種直覺。而企業的技術人員，當然不會知道以自己的技術製造出來的產品，銷路到底是好是壞；即使是營業部門的人，也沒有業務員那麼清楚。這就需要新人業務員多向老前輩請教，畢竟他們是有經驗的。

09. 業務高手必備的性格特質

熱情

性格的情緒特徵之一。業務人員要熱情，在業務活動中待人接物更要始終保持真摯的感情。熱情會使人感到親切、自然，從而縮短與你的距離，和你一起創造出能良好交流想法、情感的互動關係。

但也不應太過熱情，避免使人感到虛情假意而有所戒備。

開朗

外向型性格的特徵之一。表現為坦率、直爽。具有這種性格的人，能主動積極地與他人交往，並能在交往中吸取養分，增加見識，培養友誼。

溫和

性格特徵之一。表現為不嚴厲、不粗暴。具有這種性格的人，樂意與別人商量，能接受別人的意見，使別人感到親切，容易和別人建立親近的關係。業務人員需要這種性格。但是，溫和不能過分，過分則令人乏味，受人輕視，不利於交際。

堅毅

性格的意志特徵之一。業務活動的任務是複雜的，實現業務活動目標總是與克服困難相伴，因此業務人員必須具備堅毅的性格。只有意志堅定，有毅力，才能找到克服困難的辦法，實現業務活動的預期目標。

耐心

能忍耐、不急躁的性格。業務人員身為自己公司或客戶、僱主與大眾的「中介人」，不免會遇到客戶投訴，被投訴者當作「出氣筒」。因此，沒有耐性，就會使自己的公司或客戶、僱主與投訴人之間的爭執加劇，本職工作也就無法開展。在被投訴人當作「出氣筒」的時候，最好是讓自己站在投訴者角度去思考再回應。只有這樣，才能耐住性子，客觀地評價事態後，自然能順利地解決矛盾。業務人員在日常工作中，也要有耐性。要既做一個耐心的傾聽者，對別人的話語表示興趣和關切；又做一個耐心的說話者，使別人愉快地接受你的想法，而沒有絲毫被強迫的感覺。

寬容

寬大有氣量。業務人員應當具備的品格之一。在社交中，業務人員要允許不同觀點的存在，如果別人無意間侵害了你的利益，也要原諒他。你諒解了別人的過失，允許別人在各個方面與你不同，別人也會認同你是個有氣度的人，從而尊敬你，願意與你來往。即退一步，進兩步。

大方

舉止自然，不拘束。業務人員需要代表公司與社會各界聯繫溝通，參加各類社交活動，因此一定要講究姿態和風度，做到舉止落落大方，穩重而端莊。不要畏首畏尾，扭扭捏捏；不要手足無措，慌慌張張；也不要漫不經心或咄咄逼人。坐立，姿勢要端正；行走，步伐要穩健；說話，語氣要溫和，聲調和手勢要適度。唯其如此，才能使人感到你所代表的企業是可靠成熟的。

幽默感

幽默感是一種有趣而睿智的修養。業務人員應當努力使自己的言談風趣、幽默。要能夠使人們覺得因為有了你而受到鼓舞，要能使人們從你的言談中得到啟發和鼓勵。

10. 成為業務高手的工作能力

決策能力

決策能力是指根據既定目標認清現狀，預測未來，決定最佳行動方案的能力。是業務高手的素養、知識結構、對困難的承受能力、思考方式、判斷能力和創新精神等在決策方面的綜合表現。決策能力的培養從以下幾個方面入手。

1. 拓寬知識面。既要掌握自然科學、社會科學和管理科學的一般知識，又要掌握一定的綜合性學科的最新知識。足智多謀來自於廣博的知識，知識面狹窄，就不可能有較高的才智。
2. 提高政治素養。既要較全面地了解各國的政策方針及政治、經濟、社會發展等情況，又必須懂得社會發展的客觀規律，有國際觀。只有這樣，才能在決策上不犯下脫離現實的錯誤。
3. 培養創新精神。必須開創思路，勇於變革，在變革中善於發現新問題、新趨勢，並能隨機應變。多元化決策，在特殊決策上尤其需要創新精神。

4. 養成嚴謹的理性態度。尊重科學和事實，勇於堅持真理，唯實不唯上，勇於提出與上級意圖不同的正確方案。
5. 養成虛心求教的精神。戒驕戒躁，虛懷若谷，不恥下問，從善如流。

組織能力

組織能力是指業務人員為完成某項任務和達到某種目的而編制、管理、指揮、調整、教育相關人員的能力，是業務人員必備的重要能力之一。

在豐富多樣的業務活動中，工作量最大的就是統籌工作。不僅各種會議和各項活動需要統籌，而且為企業創造良好的人事環境，培養團隊成員的「凝聚力」和「向心力」，提高成員的素養，也離不開統籌工作。

業務人員籌備、主持一次活動要做許多工作。活動正式開展前，要組織一支精湛的籌備隊伍，並對籌備人員進行分工；活動進行過程中，要不斷溝通、協調，引導參加活動的全體人員按活動要求統一行動；活動結束後，要召集相關人員總結並檢討，收集參與者的意見回饋。因此，如果不具備一定的統籌能力，勢必會忙得焦頭爛額，卻沒有忙到點上，難以實現活動目標。

統籌能力比較強的業務人員，計畫意識都較強，考慮問題也比較周全；在開展一項活動之前，先做好詳細的計畫，對活動的時間、地點、經費、工作人員、應邀代表、內容、形式、程序以及意外情況的處理等等都要考慮到，從而保證活動按照既定的目標和要求，有條不紊、有聲有色地進行，取得顯著效果。

創造能力

創造能力是指善於運用前人經驗並以新的內容、形式來完成工作任務的能力，是業務人員應具備的能力之一。開展業務活動既要遵循一定規律，又不應囿於固定模式，應該隨著社會發展、環境變化和工作需要不斷地對其內容和形式進行創新、補充和完善，使之更為豐富。

這種能力一般表現為：具有探索和發現問題的敏銳性和預見能力；具有用一個概念取代若干個概念的統籌思考能力；能夠總結和轉移經驗，用以解決其他類似問題；善於運用多向和求異思考；具有想像、聯想和形象化思考的能力，不斷產生新的較深刻的思想、觀點；善於把主觀意識和客觀現實相結合，有所發現、發明和創造。

創造性思考能力

創造性思考是指在對現成的客觀外物進行抽象概括的基礎上，透過進一步想像推理，提出前人未提的課題、解決前人未解決的問題的主動思考能力。它與一般思考方式的根本區別在於成品的性質，即創造性思考的成品是新穎的，前所未有的，而一般思考的內容則帶有重複性。創造性思考是人才的一種特質。人之所以成才，首先就在於他的創造性，而創造性又直接來源於創造性思考。

宣傳推銷能力

宣傳推銷能力是指業務部門及其人員從宣傳、推銷本企業的產品入手建立產品信譽，進而建立企業信譽的本領和技巧。表現在以下方面：

1. 能否較好地利用發行宣傳手冊及舉辦展覽會、展銷會和消費者講座等辦法，使消費者掌握本企業產品的優點和特點。
2. 能否藉助新聞報導、權威人士評論，及時消除某些顧客對本企業產品存有的疑慮，使他們迅速恢復甚至進一步增強對本企業產品的興趣。
3. 是否善於利用人們對社會趨勢的敏感度，刺激和開發消費者對新產品的潛在購買欲望，創造新的消費習慣。

在產品的銷售市場有所轉變時，不斷培養和增強宣傳推銷能力，是業務人員最迫切的任務之一。提高對宣傳對象（消費者）的分析、判斷能力，是宣傳推銷能力的前提和基礎。

表達能力

表達能力是指把自己的意圖準確無誤地傳達給別人的能力，包括口頭和文字表達能力，是業務人員必備的重要能力之一。演講、談判、報告、會議發言等需要很強的口頭表達能力，日常的協商問題、交談，甚至打招呼，也需要一定的口頭表達能力。

口頭表達能力不僅僅表現為能夠因時、因地、因不同對象而選用恰當的詞語表達自己的想法，而且還表現為能夠使用手勢、神態、眼神等肢體語言，和抑揚頓挫、高低快慢的不同語調，以及喜怒哀樂等不同語氣以加強語言表達效果；反應敏捷，對答如流；生動活潑，幽默風趣。文字表達能力對業務人員來說同樣不可或缺。這種能力主要表現為能寫作各種體裁的文章，而且使文章達到主題鮮明突出、結構嚴謹合理、語言明白精煉的基本要求。

調查研究能力

調查研究能力是指透過親自接觸和廣泛了解，能更充分地掌握相關客觀的歷史、現狀和發展趨勢，並在擁有大量第一手材料的基礎上，從中獲得某些規律性的知識，用以指導客觀實踐的能力。這種能力要求能自覺地理解客觀事物，而不只是就事論事，或簡單地累積調查資料。調查研究的能力主要包括：

1. 計算統計能力，即能夠對自己調查研究的對象進行資料整理、計算、分析和推理的能力。
2. 觀察預測能力，即能夠運用常規的預測理論，對所調查的事物做出客觀、系統、精確的觀察和預測的能力。

自控應變能力

自控應變能力是指善於控制自己的情緒、隨時根據各種客觀情況的變化採取相應對策的能力，是業務人員應具備的能力之一。

業務人員面對的是複雜的客觀環境，要與各式各樣的人與事物打交道，各種情況都可能遇到。要想卓有成效地工作，就必須沉著冷靜，穩重老練，寬宏大度，保持理智，及時準確地判斷所遇到的情況性質及其利弊，運用有效的方式趨利避害。

這種能力往往表現在制定計畫時，從實際面出發，深思熟慮，全面周到；開展活動時積極穩妥，講究時效；遇到意外事故時，沉著冷靜，有能力控制事態，及時分析原因，迅速地制定對策等等。

社交能力

社交能力是指在社交場合迅速與他人建立良好關係，並善於保持這種關係，對各種特殊情況應付自如，善於體面地擺脫困境和尷尬局面的能力，是業務人員應具備的能力之一。

業務人員應善於在各種活動中營造融洽氣氛，促進賓主交流，能夠隨機應變，應付談判、招待會、研討會等各種組織與公開場合中出現的複雜局面。當發生衝突時，業務人員應從對方或衝突雙方的立足點出發，迅速找到解決問題的契機，以緩和、消除衝突，並增進雙方的了解與感情交流。另外，禮節也是社交能力的表現之一，它顯示出人的知識和涵養，同時也反映出人的道德和品格。懂禮節的人在社交場合最容易受到歡迎、得到尊重。

資訊傳播能力

資訊傳播能力是指為建立、推廣組織形象熟練運用各種傳播管道的技術。是業務人員應具備的一種綜合能力。為此必須掌握以下知識和技巧：

1. 掌握資訊傳播規律。包括資訊傳播的控制、資訊內容。了解資訊的傳播管道、受眾，以及傳播的效果等要素在內的傳播系統理論，並把對這種規律的認知與業務的傳播實踐相結合。
2. 善於運用新聞傳播工具。業務工作最經常運用的傳播管道是傳播媒體。這就要求業務人員熟悉國內外各種新聞媒體傳播工具及機構，如大小報紙、期刊雜誌、通訊社、廣播電臺、電視臺、部落格、社群網站等，和他們建立正常的業務連繫，為他們提供新聞資料，盡可能地運用新聞媒體工具為公司服務。

3. 善於運用其他傳播管道，如企業內部的廣播、刊物、布告欄、電視、電影放映，以及包括展覽會、展銷會在內的各種會議和專題活動等，利用這些途徑和場合把精心編制的各種資訊傳播給相關大眾。

11. 主導業務活動的方法

業務工作的主動性是指業務人員在整個業務活動過程中要時時掌握主動權，使自己處於主動地位，而不要處於被動地位。

實際上，主動性就是現代業務工作的精髓。具體說來，業務工作的主動性包括以下幾個方面：

（1）與顧客商談，一次不成，就應主動提出下次商談的時間而不要指望顧客提出。如果顧客說他以後打電話給業務人員，業務人員則應主動攬下聯繫的任務：「不，還是我給您打電話吧。」

顧客常常因工作忙碌而把打電話的事忘得一乾二淨，業務人員倘若只等待顧客打電話給你，那就會處於被動地位。

（2）商談開始時，業務人員應先講話而不要讓顧客先開口，若顧客先問：「你找我有什麼事嗎？」就失去了業務的主動權。

（3）在業務訪問中，業務人員應掌握「一對一」原則，即盡可能與買方人員分別進行單獨會談，這可以使業務人員處於主動地位。

相反，如果業務人員與顧客方眾多人員同時進行會談，形成「一對多」的局面，將處於被動狀態。這時，業務人員就會受到對方多人的盤問，因而疲於應付、無暇思考，顧此失彼。

遇到這種場面，對業務人員各方面的要求也就更高。

（4）要盡量抽出時間走訪新人或老顧客，了解他們使用商品的情況以及對商品的意見，同時可以從中發現一些新情況。比如顧客又有哪些新的問題需要解決；生產上哪些產品要減少，哪些產品要增加；業務拓展上有哪些新的打算等等。

業務人員獲得這些資訊後，一方面可以及時回饋給公司，另一方面也可以及時修改和調整自己的工作計畫，使業務工作始終保持「前瞻性」。

（5）熱情招呼上門光顧的潛在顧客。對於主動光臨的潛在顧客，業務人員一定要熱情招呼他們，歡迎他們，親切地詢問他們想看看什麼樣的產品，喜歡什麼樣的產品，有什麼樣的問題需要幫助解決等等。使顧客能感受到賓至如歸的親切氣氛，以至於讓他們覺得盛情難卻。

（6）赴約時，要比約定時間提前到達會談地點，別讓顧客等待。節約顧客的時間，容易獲得顧客的好感，顧客的心情也會比較好，這對業務會談的順利進行是十分有利的。

（7）時刻關心顧客，及時為顧客排憂解難。要做到對顧客有求必應，絕不可拖延。否則，顧客感到不滿意，心裡就會產生怨氣，這必將使業務人員陷於被動，甚至會失去顧客的信任與支持，雙方的合作關係亦可能到此為止。

（8）在業務過程中，積極採取各種策略、方法與技巧，促使顧客購買商品。否則，一味坐等顧客自行購買，往往會失掉很多業務機會。

12. 掌握業務成交的關鍵時刻

談生意並不是「搖頭不算點頭算」那麼簡單，即便是貨出錢進也會出現問題而致退貨，所以應該小心謹慎，尤其是成交的瞬間。

充滿信心

信心可以透過積極的氣氛來感染顧客情緒，堅定他購買的決心。不要問顧客「買不買」，而要採用讓顧客覺得「已經決定買下了」的誘導方法去暗示。比如你可以這麼說：「您今天訂購，下星期就到貨了。近來生意興隆，貨一出廠便被搶購一空，但我一定想方設法把您訂的貨送到。」

使顧客感覺到購買是他自己的選擇

你最好這麼說：「您選擇的這種貨既便宜又優質，您實在很有眼光。」避免說：「您聽我的話一定沒錯，別的顧客聽我的話買了它都覺得很值。」

對容易誤會的條款要再三說明

顧客並不一定都很了解契約上的條款，有時簽完契約後，會發現某個條款與自己原先理解的不同，往往在交貨時會發生爭執；就算顧客再仔細看了條款，明知是自己誤會，他也仍會有一種受騙上當之感。所以在簽約時，你一定要再三強調說明契約中容易誤會和重要的條款，從長遠來看，這樣能讓你建立很好的信用。

向周圍的人致謝

簽完契約後，你不僅要向簽約者表示感謝，還要向周圍的人表達謝意。如果你只向簽約者致謝，而忽略了對方周圍的人，而這些人當中如果有你商場上的合夥人，到時候被搶走客戶，後悔就來不及了。

簽約後轉移話題

簽約對顧客來說是一場消費慾望與實際需要的艱苦交戰，業務員與顧客之間也是頻頻交鋒。那麼簽約後，就該放鬆一下緊張的情緒，轉移到輕鬆的話題上，切記不要久留，只待抽根菸的工夫便應告辭。

消除顧客的不安

顧客交款後還未拿到商品，即使你收完錢也已經給他收據，顧客仍難免心存不安。因此，若你能再進一步說明何時交貨和交貨方式，就能消除顧客的不安。

語氣溫柔婉轉

簽約時，話語一定要溫柔婉轉，如說：「麻煩您在這簽個名、蓋個章」，這樣一定比你說「請在這裡簽名」讓顧客聽起來舒服得多。

總之，交易越到最後關頭，越要小心謹慎。

13. 克服成為業務高手的障礙

身為一名業務高手，他必須具有較好的自我認知，而這正是業務人員開展各項業務活動所必備的。自我認知是指人們對自己的了解情況。人類為了更好地使自己的行為適應外界環境的要求，就必須充分了解自身的狀況。一個人在行動前，不僅要對周圍的人與事物有正確的認知，同時對自己的身體、欲望、情感與想法也要有正確的認知。對社會的認知，引導我們對外界作出反應，對自己的認知則決定了我們行為的基本形態及生活態度。業務人員要加強自身的修養，形成正確的社會和自我認知，努力使自己的行為更好地適應外界環境的要求。

與此同時，業務人員還要在認知過程中努力克服以下幾種工作障礙：

性別不平等

性別不平等是指因性別不同，而導致人們在人際交往和人際關係上產生的阻礙。這種組礙與社會的開放程度及男女社會地位的平等與否有著十分密切的關係。一般來說，社會越開放，男女社會地位越平等，性別的社會差異就越小，障礙也就越小；反之，性別的社會地位差異就越大。

教育程度不一

人們受教育程度的差異往往也會對人際交往和人際關係建立產生阻礙。它主要存在於學歷有差異的人之間。隨著國民教育普及，現代社會已很少再出現完全的文盲，但學歷上的差異卻不可能完全消除。學歷差異往往表現在一種直接而又具體的差異 —— 學識上的差異。這種差異會讓人們因雙方學識的深淺、多寡不一而又無法深談、深交。在社交中，人們教育程度的差異所造成的負面影響都不同。一般來說，差異是由學歷高的一方有意識地表現出來的，它的差異越大，負面影響就越強；反之會小一些。

關係上的成見

有時，因雙方本就存在某種特殊關係，因而對彼此來往產生某種阻礙。雙方在某一場合經介紹相識後，由於一方或雙方發現他們之間有某種特殊關係，如一方是另一方的某個宿敵（或密友）的密友（或宿敵），或一方是另一方的某個對他頗有成見的主管（或某個一貫討好他的下屬）的親人等，便可能出於種種顧忌而卻步不前，不再維持、發展他們之間的關係。

附錄

切實執行你的夢想，以便發揮它的價值。不管夢想有多好，除非真正身體力行，否則永遠沒有收穫。

——〔美〕比爾蓋茲

心理測試

1. 測一測你的工作效能

第 1 ～ 12 題：下列各題，各有五個答案，請你選擇適合自己的答案。

A. 從不 B. 幾乎不 C. 一半時間 D. 大多數時間 E. 總是

（01）我能在規定的時間完成工作。ABCDE

（02）我認為自己有責任很好地完成工作。ABCDE

（03）我把困境當成是一種挑戰。ABCDE

（04）我把錯誤看成是學習的機會，並從中吸取經驗、教訓。ABCDE

（05）我勇於承擔積極行動的責任。ABCDE

（06） 我能言行一致。ABCDE

（07） 盡量找尋提高做事效率的方法。ABCDE

（08） 我能清楚地明白主管的意圖，並努力執行。ABCDE

（09） 我的主管對我不滿意。ABCDE

（10） 我樂意聽取一切有利於完成工作的建議。ABCDE

（11） 以團隊為重，個人服從團隊決定。ABCDE

（12） 我認為自己精力充沛，並富有競爭性。ABCDE

第 13 ～ 21 題：下列各題，每題有三個備選答案，請根據實際情況，這擇適合自己的答案。

（13） 你認為工作是：

A. 使命 B. 生存的方法 C. 介於 A、B 之間

（14） 你曾以「這不是我分內的工作」為由來逃避責任嗎？

A. 從不 B. 僅有一次 C. 至少 3 次以上

（15） 你有過「每天多做一點」的想法嗎？

A. 從不 B. 僅有 1 次 C. 至少 3 次以上

（16） 你曾認為同事的晉升：

A. 那是幸運 B. 那是平常 C. 那是勤奮

（17） 你經常第一個到公司嗎？

A. 經常 B. 有時候 C. 從不

（18） 你曾主動推遲下班的時間嗎？

A. 從不 B. 很少 C. 至今 3 次以上

（19） 上司的辦公室很亂。你會：

A. 視而不見 B. 想掃又礙於面子 C. 主動打掃一下

（20） 你認為你的工作：

A. 很偉大 B. 很平常 C. 不值一提

（21） 一件工作完成，你會：

A. 等下一工作的到來

B. 預測下一工作是什麼

C. 主動尋找下一工作

第 22 ～ 33 題：下列各題由一系列陳述句組成，請選擇一個與自己最切合的答案，並在所選答案上打「√」。

答案如下

A. 非常符合 B. 有點符合 C. 無法確定 D. 不太符合 E. 很不符合

（22） 我試圖每天摸索一種能幫我節省時間的新竅門。
ABCDE

（23） 我把每天要辦的事按輕重緩急列成清單，並盡量把重

要的事情早點辦完。ABCDE

（24）我做事喜歡找訣竅，而不是一味蠻做。ABCDE

（25）我盡可能早地終止那些毫無收益的活動。ABCDE

（26）我為自己騰出足夠的時間，處理最急迫的事情。ABCDE

（27）我一次只集中力量做一件事。ABCDE

（28）當我連續辦完了幾件事，我獎勵自己休息時間和特別的報酬。ABCDE

（29）我不論做什麼事，對自己和別人都提出時間要求。ABCDE

（30）我保持桌面整潔，使我能隨時入座辦公，並把最急需處置的事情放在桌子正中間。ABCDE

（31）我把上班時間的閒聊減少到最低限度。ABCDE

（32）我盡量減少一切「等候時間」。如果不得不等的話，我把它看作是「贈與的時間」用來休息或做一點別的什麼事情。ABCDE

（33）我把所有的瑣事積攢起來，每月抽出幾個小時一起處理。ABCDE

計分評估

第 1 ～ 12 題，在上述 12 題中，每回答一個「A」得 5 分，回答「B」得 3 分，回答「C」得 2 分，回答「D」得 1

分；回答「E」得 0 分。計分。

第 13 ～ 21 題，結合所選答案，按照以下計分標準，計算出自己的得分。計分。

題號：13 14 15 16 17 18 19 20 21

選項 A 得分：6 6 0 0 6 0 0 6 0

選項 B 得分：0 3 3 3 3 3 3 3 3

選項 C 得分：3 0 6 6 0 6 6 0 6

第 22 ～ 33 題，每回答一個「A」得 5 分，回答「B」得 3 分，回答「C」得 2 分，回答「D」得 1 分，同答「E」得 0 分。計分。總計分。

無論你目前從事什麼職業；或者想進入哪種職業，你可能都希望利用機遇來獲取工作所能給予的最大滿足。換句話說，就是你希望自己在工作中能有最大的工作效能、取得最佳的工作業績。

那你的工作效能又如何呢？透過以上自測，你就會有一定的了解。

如果你的得分在 145 分以上，說明你的工作效能為「優」，你有較強的執行力；你敬業、工作積極主動，你更懂得如何珍惜時間，你對工作充滿熱忱；這些都會是促使你成功的重要因素，只要保持這些良好的習慣，成功就會離你很近。

如果你的得分在 115~145 分，說明你的工作效能為「良」，你知道工作效能的重要性，但你做的還不夠，你的工作效能雖不至於拖你的後腿，但也不會是促使你成功的因素。要想在職場中成功，你就必須讓自己擁有更大的工作效能：加強執行力，更敬業，更主動積極，更加珍惜時間，把更多的熱情投入到工作之中去。

如果你的得分在 115 分以下，真的不得不為你擔心。因為你的工作效能實在太差，你隨時有丟掉工作的危險，你現在所追求的不應該是什麼高尚的理想、遠大的目標，而應該是腳踏實地地前行，讓自己遠離懶惰，前兩者就是你最好的學習榜樣。

2. 檢測你利用時間的效率

「你珍惜生命嗎？」班傑明·富蘭克林說，「那麼別浪費時間，因為它是構成生命的材料。」

你很清楚地知道時間的重要性，可是你真的視時間為生命嗎？工作中，你是否最有效地利用你的一分一秒了嗎？你真的清楚時間的價值嗎？

測試引導

1. 本測試將幫助你了解工作中你利用時間的效率。
2. 測試由一系列問句組成，請根據下列答案標準，選擇最適合自己的答案，將答案填寫在問句後的橫線處。
3. 答案標準：以下 20 題，回答「是」或「否」，用「√」或「×」表示即可。

開始測試

（01）「只要善於利用時間，你每天會『多』一點時間。」你認為這句話對嗎？____

（02）你清楚地了解自己工作效率最高與最低的時間嗎？____

（03）你為自己不熟悉的工作預先策劃嗎？____

（04）你不但把計畫記在腦子裡，而且還會把它寫下來嗎？____

（05）你是否會為每天的工作分出輕重緩急呢？____

（06）「辦公室的門永遠是開啟的。」你認為這句話對嗎？____

（07）工作時有電話找你，你會有禮貌地聽對方長篇大論嗎？____

（08）工作在身，你是否有壓迫感呢？____

（09）有時等待不可避免，你會隨身帶一些閱讀資料嗎？____

（10）工作之際，你是否會稍作休息、勞逸結合呢？____

（11）你會戴手錶嗎？____

（12）你是否說過「明天我一定努力」嗎？____

（13）來訪者不願透露來意，你會在工作室外接見他嗎？____

（14）你的辦公桌是否很整潔呢？____

（15）你是否會把同種、同類、同時使用的東西放在一起呢？____

（16）你的檔案會按照重要性分類保管嗎？____

（17）你會把常用的東西放在觸手可及的地方嗎？____

（18）為了提高工作效率，你經常超時工作嗎？____

（19）你會為每日、每週，甚至是每小時制定工作計畫嗎？____

（20）你會反覆檢查自己的工作成果以確保萬無一失嗎？____

計分評估

以上 20 題，第 6、7、12、18、20 題中應答「否」，其餘的回答應是肯定的。請計算自己答對的題數，每答對一題得 1 分，統計得分。

人生短暫又無比寶貴。生命是以時間長短來計算的，珍惜時間就是珍惜生命。古希臘哲學家赫拉克利特曾說：「人無法兩次都踏入同一條河流。」說明了時間的不可逆轉，時間就是生命，浪費時間就是浪費生命。

時間也是工作的計算單位，在工作中浪費時間，實際上也是在浪費生命。工作當中的敷衍拖沓、消磨時光，使要做的事越積越多，最後導致什麼都做不完；而如果充分地利用每分每秒，則可以做越來越多的事情，也就是在擴大工作成果，豐富自己的生命。在規定的時間內完成任務，完成任務後的時間又可以進行下一步工作的準備或是提高自己的專業技能，以便增強自己的競爭力。

經過上述測試，如果你的得分在 16 ～ 20 分說明你利用時間的效率還可以。

得分在 11 ～ 15 分，說明你利用時間的效率一般。

得分在 10 分以下，說明你利用時間的效率較差。

電子書購買

爽讀 APP

國家圖書館出版品預行編目資料

極致效率，重塑職場創新與效率的新思維：從根本改變工作方式，激發創造力的無限可能，實現效率與成就的最大化！ / 蔡賢隆，王明哲 編著 . -- 第一版 . -- 臺北市：財經錢線文化事業有限公司，2024.04
面；　公分
POD 版
ISBN 978-957-680-846-3(平裝)
1.CST: 職場成功法 2.CST: 工作效率
494.35　　113003876

極致效率，重塑職場創新與效率的新思維：從根本改變工作方式，激發創造力的無限可能，實現效率與成就的最大化！

臉書

編　　著：蔡賢隆，王明哲
發 行 人：黃振庭
出 版 者：財經錢線文化事業有限公司
發 行 者：財經錢線文化事業有限公司
E-mail：sonbookservice@gmail.com
粉 絲 頁：https://www.facebook.com/sonbookss/
網　　址：https://sonbook.net/
地　　址：台北市中正區重慶南路一段六十一號八樓 815 室
Rm. 815, 8F., No.61, Sec. 1, Chongqing S. Rd., Zhongzheng Dist., Taipei City 100, Taiwan
電　　話：(02) 2370-3310　　　傳　　真：(02) 2388-1990
印　　刷：京峯數位服務有限公司
律師顧問：廣華律師事務所 張珮琦律師

定　　價：390 元
發行日期：2024 年 04 月第一版
◎本書以 POD 印製